Premiere+After Effects

影视剪辑与后期制作

（微课版）

胡垂立　李　满　主　编

程　帆　张　杰　李散散　　王兆龙　副主编

电子工业出版社

Publishing House of Electronics Industry

北京 · BEIJING

内 容 简 介

本书以影视项目制作流程为主线，以 Adobe Premiere CC 2021 软件和 Adobe After Effects CC 2021 软件为平台，以软件应用为切入点，从实战角度讲解了 Adobe 公司两款后期软件的基本使用方法和综合应用技巧。全书主要包括 4 个部分：第 1 部分是影视后期基础，全面介绍了影视后期基本理论和基本概念，包括蒙太奇、景别、镜头组接、电视制式、场、图像分辨率、像素宽高比和影视色彩与常用图像文件格式等方面；第 2 部分是影视剪辑，主要内容包括 Premiere 工作界面、基本操作、剪辑技巧、过渡、动画与特效、字幕制作、音频剪辑等一共 11 个课堂教学案例和 5 个课后拓展练习；第 3 部分是影视后期合成，主要内容包括 After Effects 工作界面、图层、动画、蒙版、三维合成、文字动画、色彩校正与抠像特效等，一共 12 个课堂教学案例和 6 个课后拓展练习；第 4 部分是综合应用，讲解了 2 个企业实战案例，分别介绍如何综合应用 Premiere 剪辑 Vlog，应用 After Effects 进行电视栏目包装。

本书适合作为高等院校数字媒体、动漫、艺术设计、游戏等专业相关课程的教材，也可供相关人员自学参考。

图书在版编目（CIP）数据

Premiere+After Effects影视剪辑与后期制作：微课版 / 胡垂立，李满主编. —北京：电子工业出版社，2024.1
普通高等教育计算机系列教材
ISBN 978-7-121-46852-0

Ⅰ. ①P⋯　Ⅱ. ①胡⋯　②李⋯　Ⅲ. ①视频编辑软件－高等学校－教材②图象处理软件－高等学校－教材
Ⅳ.①TN94②TP391.413

中国国家版本馆 CIP 数据核字（2023）第 239519 号

责任编辑：杨永毅　　特约编辑：张　慧
印　　刷：三河市鑫金马印装有限公司
装　　订：三河市鑫金马印装有限公司
出版发行：电子工业出版社
　　　　　北京市海淀区万寿路 173 信箱　邮编　100036
开　　本：787×1 092　1/16　印张：18　字数：460.8 千字
版　　次：2024 年 1 月第 1 版
印　　次：2025 年 1 月第 4 次印刷
印　　数：1 000 册　　定价：58.00 元

前言
Preface

Premiere 和 After Effects 是 Adobe 公司推出的视频剪辑和特效制作的主流软件，两者兼容性强，深受影视后期工作者喜爱。本书以"理论讲解+案例"的形式系统讲述了 Premiere Pro 2021 软件和 After Effects 2021 软件在视频剪辑、视频过渡、音频剪辑、字幕制作、三维合成、调色抠像、动画等方面的核心技术和实际应用，以及在广告动画、视频特效、电子相册、高级转场效果、自媒体视频制作、Vlog 制作、电视栏目包装等方面的综合应用。

目前，很多高校的数字媒体相关专业都将剪辑与合成作为一门重要的专业课程。为了使学生能够熟练地使用 Premiere 进行剪辑，使用 After Effects 进行合成，本书编者结合 10 多年的高校教学经验和在线教育经验和极其丰富的影视项目经验，按照简明、易读、突出实用性和突出应用型本科特色的原则，编写了本书。本书内容实用，精选案例覆盖当前各种典型应用，读者不仅能学到基本理论和软件的用法，更能亲身实践并完成实际项目，学会其中的方法、技巧和流程。

全书分为 13 章，详细介绍了影视创作基本理论、Premiere Pro CC 2021 剪辑技巧、过渡、动画与特效、字幕、音频剪辑、After Effects CC 2021 基础操作、创建和编辑、关键帧动画、蒙版、三维合成、文字动画、颜色校正与抠像特效和综合案例。本书为校企合作完成的"工学结合"类教材，部分案例来源于企业真实项目。在内容安排上，既确保学生掌握基本的理论基础，满足本科教学的基本要求，又突出特色，采用"行动导向，任务驱动"的方法，以任务驱动知识的学习，增加学习的趣味性和可操作性，实现"寓教于乐"的目标。坚持"理论够用、突出实用、即学即用"的原则，以"工学结合"为目标，注重软件的实际应用，实现"学中做，做中学"。本书内容翔实、条理清晰、语言流畅、图文并茂、案例操作步骤细致，易于学者领会和掌握。

本书重在系统讲解以"软件技术、专业知识、工作流程与创意设计"为一体的知识体系，解决现实中教育与实际项目脱节的问题。适合作为本科院校数字媒体技术专业和数字媒体、动漫、艺术设计、游戏等相关专业的教材，也可作为广大影视后期工作者的培训教材。

本书由胡垂立和李满担任主编，由程帆、张杰、李散散、王兆龙担任副主编，由广州市企影广告有限公司提供部分商业案例。编者主要来自广州工商学院工学院的专任教师和宣城胡萝贝动漫文化传媒有限公司的视频设计师。在此感谢所有编写人员对本书所付出的努力。

为了方便教师教学，本书配有电子教学课件及相关资源，请有此需要的教师登录华信教育资源网（www.hxedu.com.cn）注册后免费下载，如有问题可在网站留言板留言或与电子工业出版社联系（E-mail：hxedu@phei.com.cn）。

尽管我们尽了最大努力，但教材中难免存在疏漏之处，欢迎各界专家和读者朋友们提出宝贵的意见，我们将不胜感激。愿广大同行为建设高质量的影视后期课程共同努力！

编　者

目 录
Contents

第 2 部分　影视剪辑

第 3 部分　影视后期合成

第 4 部分　综合应用

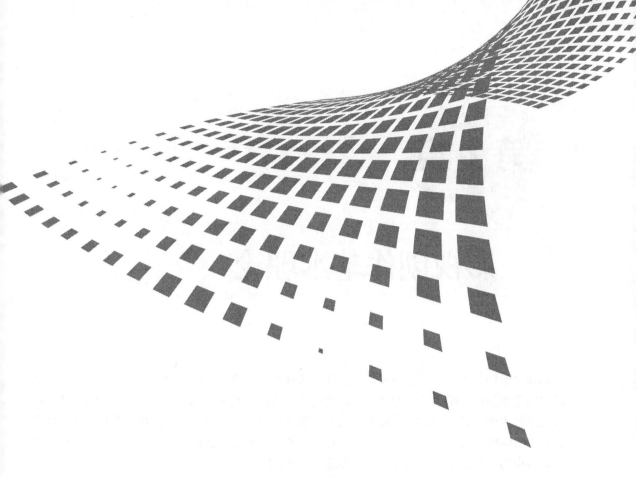

第1部分

影视后期基础

第1章

影视创作基本理论

影视是一门艺术，只有掌握基本的影视艺术规律，才能创作出优秀的影视作品，本章主要讲解蒙太奇、景别、镜头组接的知识，培养读者基本的影视艺术修养。随着计算机硬件和音、视频压缩技术的发展，现代影视技术进入了多媒体时代，计算机、数字智能摄像机、视频切换台、非线性编辑系统等先进设备的出现，为影视制作技术的发展提供了更广阔的创作空间。本章介绍常用的影视后期基本概念，包括帧速率、场、图像分辨率、像素宽高比、影视色彩与图像文件格式。

教学目标与要点：

- ❖ 理解蒙太奇原理、分类与表现形式。
- ❖ 熟悉景别、镜头组接原理及运用技巧。
- ❖ 理解帧速率、场、图像分辨率与像素宽高比的知识。
- ❖ 了解影视色彩与常用图像文件格式的知识。

1.1 影视创作基本理论知识

1.1.1 蒙太奇

1. 蒙太奇与剪辑

蒙太奇是影视构成形式和构成方法的总称，是影视艺术的重要表现手段。正是因为有了蒙太奇，影视才从机械的记录转变为创造性的艺术。

蒙太奇原是法语 Montage 的译音，是一个建筑学上的术语，意为构成、装配，引申在电影方面，指电影创作中的剪辑和组合。导演或剪辑师依照情节的发展和观众关注的程度，将一系列镜头画面及声音（包括对白、音乐、音响）合乎逻辑地、有节奏地连接起来，使观众得到一个明确生动的印象，从而使他们正确地了解事情的发展。

从历史上看，电影剪辑是电影艺术初创时期的名称，它偏重于技术性，不同于现代的影视剪辑工作。当时并不存在剪辑的概念，只是将一段影片胶片与另一段影片胶片黏结起来。因为冲洗胶片的木槽长度有限，所以胶片只能剪成一段一段的，冲洗之后，再把它们黏结起来。在那个时期，蒙太奇只是黏结胶片的技术。

电影艺术初创时期，剪辑是由摄影师一人包办的。随着科学技术不断发展，电影成为一种综合艺术，逐渐才有导演、摄影师、制片等分工。分镜头拍摄的出现带来了强烈的戏剧效果，成为剪辑的起源。其后，剪辑工作逐渐专业化，由专业人员来担任剪辑工作。20 世纪中期，剪辑工作才逐渐成为电影创作中一个独立的专业部门。

剪辑不仅包含着剪接技术，还是一种艺术创造。因此，剪辑包含了剪接因素，而剪接却无法包含剪辑的全面含义。今天的影视剪辑工作，是要通过蒙太奇技巧完成影视艺术的剪辑任务。要根据一个总体构思计划，把许多镜头分别加以剪裁，巧妙地、有机地、艺术地组合在一起，运用蒙太奇技法处理镜头连接和段落转换，可使全片达到结构严整、条理通畅、展现生动、节奏鲜明的要求，并有助于揭示和增加画面的内在含义，增强影片的艺术感染力。

2. 影视语言要素

蒙太奇是一种能贴合人观察客观世界时的体验和内心映像的表现手段。作为一种表现客观世界的方法，它的心理学依据是：蒙太奇重现了人们在环境中随注意力的转移而依次接触影像的内心过程，以及当两个或两个以上的现象在观众面前联系起来时，必然会产生按照一般逻辑发生的联想活动。蒙太奇正是依据这样一种规律，形成了大家理解和接受的电影艺术语言。

（1）镜头

一部影片是由若干个移动镜头和固定镜头构成的。移动镜头是指用推、拉、摇、移等不同拍摄方法摄取的镜头；固定镜头则指被摄对象与摄像机之间保持固定的位置，因距离不同而分成特写、近景、中景、全景、大全景以及俯、仰等镜头。这些镜头只有当艺术家按照人类观察生活、认识生活的逻辑来加以运用时，才有可能成为电影艺术语言的基本元素，是一种存在于我们记忆里的蒙太奇片段。

这种蒙太奇片段的镜头运用与组接方法，能够把主人公的内心感受生动逼真地传达给观众，使他们感同身受。这种注意力的转换与人们平常在生活中观察事物时的自然转移及逻辑顺序是一致的。这是电影的基本方法，也是一种能够更为深刻地揭示现实生活本质的方法。

蒙太奇的原理既然是根据日常生活中人们观察事物的经验建立起来的，那么运用蒙太奇也需要符合人的生活规律和思维逻辑。只有这样，电影的语言才会流畅、合理，才能被观众理解。

（2）节奏

在日常生活中，人们的注意力会被周围的活动经常地、本能地吸引着而不断自然转移。但这种转移并不是经常以同等速度进行的。当一个人怀着平静的心态观察周围活动时，其注意力是以十分缓慢悠闲的速度进行转移的。但如果他在观察或亲自参与某件非常激动人心的活动时，他的反应节奏会大大加快。这就是蒙太奇节奏的心理学根据。

一般来说，用快切的手法表现一个安静的场面会造成突兀的效果，使观众觉得跳动太快；但在使观众激动的场面中，把切的速度加快，便能适应观众要求快节奏的心理，从而加强影片对观众的感染力。如表现车祸，一位旁观者在这种突发事件中，有一种急于了解事件进程的内心要求，导演精选的各个片段以短促的节奏剪接在一起，能够适应观众的内心节奏。因此，这种蒙太奇节奏是恰如其分的。

节奏活动的形式与各种生理过程——心脏的跳动、呼吸等都有关系，而构成电影节奏的基础是情节发展的强度和速度，特别是人物内心动作的强度和速度。后面这一点是尤其重要的。节奏取决于各个镜头的相对长度，而每个镜头的长度又取决于内容。

蒙太奇的独特节奏可以表达情绪，但不能仅靠蒙太奇的速度来影响观众情绪。蒙太奇的速度是由场面的情绪和内容决定的。电影艺术家只有使剪接的速度与场面的内容相适应，才能使影片的速度变换流畅，节奏鲜明。

（3）联想与概括

蒙太奇的思想力量在于，把两个镜头接在一起，能使观众在两组信息间进行多种多样的对比、联想和概括。这就是蒙太奇的巨大思想作用。它是电影美学的基石，而非纯技术性的剪辑。电影艺术特有的形象思维是蒙太奇思维。

1.1.2　蒙太奇的分类与表现形式

按照表现形式，可以将蒙太奇分为平行式蒙太奇、对比式蒙太奇、交叉式蒙太奇、复现式蒙太奇、积累式蒙太奇、叫板式蒙太奇、联想式蒙太奇、隐喻式蒙太奇、错觉式蒙太奇、扩大与集中式蒙太奇和叙述与倒叙述式蒙太奇等，可根据表现需要进行选择使用。

1. 平行式蒙太奇

这种剪辑方法，是通过两件或三件内容性质相同，而在表现形式上不尽相同的事，同时异地并列进行，其情节又互相呼应、联系，起着彼此促进、互相刺激的作用。这是一种古老的蒙太奇表现形式。

2. 对比式蒙太奇

这种剪辑方法，是把富与穷、强与弱、文明与粗暴、伟大与渺小、进步与落后等情节进行对比。早在19世纪，电影的先驱者就采用这样的方法表现影片中贫富悬殊与对立的效果。

3. 交叉式蒙太奇

这种剪辑方法，是把在同一时间不同空间发生的两种动作交叉剪接，构成紧张的氛围，营造出强烈的节奏感，从而造成惊险的戏剧效果。

4. 复现式蒙太奇

这种剪辑方法，是把从内容到性质完全一致的镜头画面反复出现，意在加强影片主题思想或表现不同历史时期的转折。需要注意的是，这些反复出现的镜头，必须体现在关键人物的动作线上，只有这样，才能够突出主题，感染观众。

5. 积累式蒙太奇

这种剪辑方法，是把性质相同而主体形象相异的画面，按照动作和造型特征的不同，用不同的长度剪接成一组具有紧张的氛围和强烈节奏感的片段。

6. 叫板式蒙太奇

这种剪辑方法，在故事影片中能有承上启下、上下呼应的作用，而且节奏非常明快，如同京剧中的叫板。

7. 联想式蒙太奇

这种剪辑方法，是把一些内容截然不同的镜头画面连续地组接起来，并赋予一种意义，使人们去推测这个意义的本质。

8. 隐喻式蒙太奇

这种剪辑方法，是按照剧情发展和情节的需要，利用景物镜头直接说明影片主题和人物思想的内心活动。

9. 错觉式蒙太奇

这种剪辑方法需要先引导观众猜想情节的必然发展，然后在关键时刻忽然出现转折，剪接上人们预料之外的镜头，从而造成强烈的反差效果。

10. 扩大与集中式蒙太奇

这种剪辑方法，从特写逐渐扩大到远景，使观众从细部看到整体，构成一种特定的氛围，这就是扩大式蒙太奇；再由远景逐渐集中到细部特写，这就是集中式蒙太奇。

11. 叙述与倒叙述式蒙太奇

这种剪辑方法，用于叙述过去经历的事件和描绘未来的想象，如影片中的叠印、回忆、幻想、梦境、想象等出现过去与未来景象的画面。

1.2 景别

景别是指由于在焦距一定时，摄影机与被摄体距离的不同，而造成被摄体在影视画面中所呈现出范围大小的区别。景别分为远景、全景、中景、近景和特写，不同的景别有不同的功能，决定景别的因素有两个方面：一是摄影机和被摄体之间的实际距离；二是使用摄影机镜头的焦距长短。两者都可以引起画面上景物大小的变化。这种画面上景物大小的变化所引起的不同取景范围，构成了影视作品中的景别变化。

不同的景别会产生不同的艺术效果，在电影中，导演和摄影师会利用复杂多变的场面调度和镜头角度，交替地使用各种景别，使影片剧情的叙述、人物思想感情的表达、人物关系的处理更具有表现力，从而增强影片的艺术感染力。

1.2.1 远景

远景通常用于展示广阔的场面。如果画面中有人，那么人在画面中所占的比例就会较小，如图 1.1 所示。

图 1.1 远景（一）

　　远景是所有景别中视距最远、表现空间范围最大的一种景别。远景视野深广、宽阔，画面中人物轮廓隐约可辨，主要用于表现地理环境、自然风貌、战争场面等，如图1.2所示。

图1.2　远景（二）

　　远景在影片中的作用有如下3种。

（1）介绍故事发生的地点、环境，一般用于开篇。

（2）用于抒情，主要采用空镜头，如蓝天、白云、飞鸟等。

（3）故事的境界与升华，一般用于故事的结尾。

　　要拍好远景，必须了解同一场景在不同季节、不同时间、不同天气以及不同机位都会产生不同的艺术效果。此外，拍远景应采用侧光或侧逆光，才能使景物具有层次感和表现力。

1.2.2　全景

　　全景主要用来表现被摄对象的全貌或被摄人物的全身，同时保留一定范围的环境和活动空间，如图1.3所示。

图1.3　全景

　　如果说远景重在表现画面气势和总体效果的话，全景则着重揭示画面主体的结构特点和内在意义。

　　全景可以完整地展现人物的形体动作，并且可以通过形体来表现人物的内心状态。全景可以表现事物或场景全貌，展示环境，并且可以通过环境来烘托人物。全景在一组蒙太奇画面中，具有"定位"作用，指示主体在特定空间的具体位置。

1.2.3　中景

　　中景是表现被摄人物膝盖以上部分或场景局部的画面，如图 1.4 所示。较全景而言，中景画面中的人物整体形象和环境空间降至次要位置。中景往往以情节取胜，既能表现一定的环境氛围，又能表现人物之间的关系及其心理活动，是电影画面最常见的景别。

　　中景能够表现被摄对象最有表现力的结构线条，又能表现被摄人物脸部和手臂的细节活动，以及人物之间的交流。中景擅长进行叙事表达。而特写、近景只能在短时间内引起观众的兴趣，远景、全景则容易使观众的兴趣飘忽不定，相对而言，中景给观众提供了指向性视点。它既提供了大量细节，又可以持续一定时间，适用于交代情节和事物之间的关系，能够具体描绘人物的神态、姿势，从而传递人物的内心活动。

图 1.4　中景

1.2.4　近景

　　近景通常用于表现被摄人物胸部以上或物体局部的画面，如图 1.5 所示。

图 1.5　近景

　　近景以表情、质地为表现对象，常用来细致地表现被摄人物的精神面貌或物体的主要特征，可以产生近距离的交流感。例如，主持人或播音员多是以近景的景别样式出现在观众面前的。

全景、中景、近景这三类景别是一部影视作品中的常用镜头，它们所使用的数量最多。

1.2.5　特写

图1.6　特写

特写通常用于表现被摄人物肩部以上的头像或某些被摄对象细部的画面，是视距最近的画面，如图1.6所示。

特写的表现力极为丰富，可以造成强烈的视觉冲击，通过细微的表情或细部特征，就可以引起观众的视觉注意力。特写可以强化观众对细部的认识，以细部来蕴含深层含义，抒发人物的内心情感。运用特写手法还可以把画内情绪推向画外，分割细部与整体，制造悬念。因此特写镜头"不仅在空间上和我们的距离缩短了，而且可以超越空间，进入另一个领域，精神领域，或称心灵领域"，它"作用于我们的心灵，而不是我们的眼睛"。

正因为特写能够短暂地吸引观众的视觉注意力，具有"惊叹号"的作用，所以特写镜头往往会成为一组蒙太奇的表现重心。它又被称为万能镜头，当画面中出现跳轴①镜头时，将特写镜头插入中间，可以弥补转场或跳轴带来的突兀感。

特写在影像中的作用主要有以下2点。

（1）特写是影像艺术的重要表现手段，是区别于戏剧艺术的主要标志。

（2）特写能够有力地表现被摄对象的细部和人物细微的情感变化，是通过细节刻画人物，表现复杂的人物关系、丰富的人物内心世界的重要手段。

1.3　镜头运用技巧

镜头的运动方式主要有推、拉、摇、移、跟、升降等。

1.3.1　推镜头和拉镜头

1. 推镜头

摄影机向前移动，或调动镜头焦距产生景别由大到小的变化称为推镜头。推镜头与变焦距镜头有所不同，虽然两者都是朝一个主体目标运动，拍摄的主体会逐渐放大，但位移的推镜头在推的过程中有透视变化，视觉上产生慢慢靠近的感觉；而变焦距镜头没有透视变化，只是突显要强调的部分。

推镜头的特点和主要作用有以下5点。

（1）画面由远到近，多用于介绍故事发生的地点。通过镜头的移动（摄像机前行）把观众带入故事环境。很多影片以推镜头开场，例如，电影《勇敢的心》的开头，用航拍镜头沿着一条小溪前行，穿过层层迷雾，溯源到故事的发源地苏格兰，开始讲述这个传奇的历史故事。

（2）介绍环境与人物的关系。

---

① 拍摄运动物体时，运动物体和运动方向间形成一条虚拟的直线，称之为轴线。摄像机机位只能处于轴线一侧，如果越过轴线拍摄，就会造成画面逻辑混乱，就是所说的跳轴。

（3）突出重要的戏剧元素，把被摄主体（人或物）从众多的被摄对象中显现出来。

（4）描写细节，突出重点，强调重要的叙事元素。突出人物身体某个部分表演的表现力，起到强调、夸张的作用，如脸、手、眼睛等。

（5）运用剧中人物的主观视线来表现人物的内心感受，表达"来临""进入""探询"等心理效果。

2. 拉镜头

拉镜头分为两种情况：第一种是摄影机沿视线方向向后移动，相当于人眼观察的位置后退；第二种是采取变焦距镜头，从长焦距调至短焦距，使拍摄的范围越来越大，画面形象由局部扩大到全部。

这两种方法在意义表达上有区别：变焦距镜头拉镜头的主要特征是主观性，摄影机后退的主要特征则是客观性。使用变焦距镜头往往带有强调的成分。

拉镜头的特点和主要作用有以下 3 点。

（1）画面形象由局部扩大到全部，从微观到宏观，将观众的注意力从细节引向环境。信息量的介入，能够表现被摄主体与它所处环境的关系。通过镜头在空间中远离，以表现道德思想上的突破，如孤独感、痛苦感、无能为力感和死亡感等。例如，电影《毕业生》的开头，镜头从主人公脸部特写开始，观众不知道他在哪里，在干什么。镜头拉开，慢慢显现出全景画面，原来他在飞机上。拉镜头能够给观众期待和思考的空间。

（2）在视觉上，拉镜头给人的感受是"后退"，可以表达告别、退出、完结等心理效果，可模拟人的远离效果。

（3）结束一个段落或者为全篇结尾。例如，电影《乱世佳人》中的一场景，摄影机先拍摄女主角的特写，慢慢向后拉高，银幕上出现成千上万的死伤士兵，最后在极远景时停下，远处的旗杆前，一面破烂的南军军旗犹如破布在风中摇摆。该镜头表现出人们遭受战火蹂躏的惨烈场景，有着史诗般的效果，如图 1.7 所示。

（一）　　　　　　　　　　　　（三）

（二）　　　　　　　　　　　　（四）

图 1.7 拉镜头

（五）　　　　　　　　　　　　　　　　　　（六）

图1.7　拉镜头（续）

1.3.2　摇镜头

摇镜头是指在拍摄一个镜头时，摄影机的机位不动，只有机身做旋转等运动，其原理类似于人站着不动，只转动头部去观察事物。

摇镜头的特点和主要作用有以下6点。

（1）介绍环境，描述场景空间景物，起到引见、展示的作用。例如，拍摄人、物体及远处的风景。

（2）介绍人和物。画面从一个被摄主体转向另一个被摄主体，一般从起幅开始摇，落幅停止，为观众展示画面信息。例如，展现会场上的人物、模特身上的服装等内容。

（3）表现事物之间的联系关系。生活中许多事物经过一定的组合会建立某种特定的关系，如果将两个事物分别安排在摇镜头的起幅和落幅中，通过镜头摇动将这两点连接起来，这两个事物的关系就会被镜头运动造成的连接给提示或暗示出来。例如，"从电视机摇摄到正在看电视的人"，展示了人在看电视的活动。

（4）代表剧中人物的主观视线，表现剧中人物的内心感受。在镜头组接中，当前一个镜头拍摄一个人环视四周的动作，下一个镜头用摇摄所表现的空间就是前一个镜头中的人看到的空间。此时摇镜头表现了剧中人的视线而成为主观性镜头。

（5）表现人物的运动。这时摇镜头类似人的眼睛，跟踪着运动的物体。例如，在马路上看到某辆吸引人的汽车，会情不自禁地转头去看。又如，在电视节目中经常看到的赛车，摄像机在场地中随奔驰的车摇动，观众通过画面可以在较长的时间内清楚地看到赛车的动态。

（6）表现一种悬念。摇摄镜头的运动特性能够满足观众对进入镜头中新鲜事物的需求，而进入镜头的事物是观众不可预知的，因此利用这一特性，可以在摇摄的落幅中安排一些出乎意料的事物，从而给观众带来悬念。例如，在摇镜头的起幅镜头中安排一个在草地上睡觉的小孩，在落幅中安排一条向小孩蜿蜒爬行的蛇，观众自然会紧张起来。

在使用摇镜头时，要避免空摇，应该用被摄物把空摇变成跟摇；注意摇的时间长度和信息量的安排；注意落幅和起幅的画面构图效果，如果只能选择其一进行强调，则一般选择落幅。

1.3.3　移镜头

将摄影机架在活动物体上，沿水平方向移动而进行的拍摄方式称为移镜头。移镜头有两种情况：第一种是人不动，摄影机动；第二种是人和摄影机一起动（接近跟镜头，但是速度不一样）。

移镜头的特点和作用有以下4点。

（1）能使画面框架始终处于运动状态，可开拓画面造型空间，创造独特视觉艺术效果。

（2）能在一个镜头中构成多构图的造型效果。在表现大场面、大纵深、多景物、多层次等复杂场景方面具有气势恢宏的造型效果。

（3）摄像机运动唤起了人们行走时的视觉体验，可以表现某种主观倾向，创造出有强烈主观色彩的镜头，使画面更加生动，真实感和现场感更强。

（4）前移、后移、横移和曲线移这4种移镜头方式，摆脱了定点摄影的束缚，表现出各种运动条件下的视觉效果。移动摄影的拍摄要力求画面平稳，应用广角镜头时，注意随时调整焦点，确保被摄主体在景深范围内。

1.3.4 跟镜头

摄影机跟随被摄主体一起运动而进行的拍摄镜头称为跟镜头。拍摄跟镜头时，摄影机的运动速度与被摄主体的运动速度一致，被摄主体在画面构图中的位置基本不变，画面构图的景别不变，而背景的空间始终处于变化中。

跟镜头的特点和主要作用有以下4点。

（1）被摄主体在画框中处于一个相对稳定的位置，而背景、环境始终处于变化中，它能够连续而详尽地表现运动主体。

（2）画面会跟随一个运动主体（人物或物体）一起移动，形成一种运动主体不变、背景变化的造型效果。

（3）景别相对稳定。观众与被摄人物的视点合一，可以表现出一种主观性镜头。

（4）具有较强的真实性，一般运用肩扛的方法进行拍摄，对人物、事件、场面进行跟随记录，常用在纪实性新闻拍摄中。

1.3.5 升降镜头

升降镜头是把摄影机安放在升降机上，借助升降装置一边升降一边拍摄。

升降镜头的特点和主要作用有以下5点。

（1）有利于表现高大物体的各个局部。

（2）常用来展示事件或场面的规模、气势和氛围。

（3）有利于表现纵深空间中点和面之间的关系。

（4）可实现一个镜头内的内容转换与调度。

（5）可以表现画面中情感状态的变化。

升降镜头拍摄时需注意升降镜头的升降幅度要足够大，要保持一定的速度与韵律感。

在一部影像作品的实际拍摄中，镜头的推、拉、摇、移、跟等运动形式并不是孤立的，往往是各种形式综合在一起运用的，不应该把它们刻板地分开，要根据实际需要来完成。

1.4 镜头组接的基本知识

将作品中的每一个镜头都按照一定的顺序和手法连接起来，成为一个具有条理性和逻辑性的整体，这种构成的方法称为镜头组接。

镜头组接可以增强作品的艺术感染力，使作品成为一个呈现现实、交流思想、表达感情的整体。

1.4.1　镜头组接的规律

在影视制作的过程中，前期拍摄与后期制作相辅相成，在后期剪辑与合成的过程中，镜头组接要遵循一定的规律。

1. 符合观众的思想方式和影视表现规律

镜头组接要符合人们生活的逻辑、思维的逻辑。做影视节目要表达的主题与中心思想一定要明确，在这个基础上才能根据观众的心理要求（即思维逻辑）确定选用哪些镜头，怎么样将它们组合在一起。

2. 景别的变化要采用"循序渐进"的方法

一般来说，拍摄一个场面的时候，"景"的发展不宜过于剧烈，否则不容易组接起来。相反，"景"的变化不大，同时拍摄角度变换亦不大，拍出的镜头也不容易组接。在拍摄的时候"景"的发展变化需要采取循序渐进的方法，循序渐进地变换不同视觉距离的镜头，可以形成顺畅的连接，组成各种蒙太奇句型。

前进式句型：这种叙述句型是指景物由远景、全景向近景、特写过渡，用来表现由低沉到高昂的情绪变化和剧情的发展。

后退式句型：这种叙述句型是指由近到远，表现由高昂到低沉、压抑的情绪，用来表现由细节扩展到全部的剧情变化。

环形句型：把前进式句型和后退式句型结合在一起使用。由全景—中景—近景—特写，再由特写—近景—中景—远景，或者反过来运用。用来表现剧情由低沉到高昂，再由高昂转向低沉的变化。这类句型一般在影视故事片中较为常用。

在镜头组接的时候，如果遇到同机位同景别又是同一主体的，那么画面是不能组接的。因为这样拍摄出来的镜头景物变化小，画面看起来雷同，接在一起好像镜头不停地重复。此外，这种机位、景物变化不大的两个镜头接在一起，只要画面中的景物稍有变化，就会在人的视觉中产生跳动或者好像一个长镜头断了好多次，有"拉洋片""走马灯"的感觉，破坏了画面的连续性。

如果遇到这样的情况，除把这些镜头重拍以外（对于镜头量少的节目可以），对于其他同机位、同景物的时间持续长的影视片来说，采用重拍的方法就显得浪费时间和财力了。最好的办法是采用过渡镜头，如从不同角度拍摄再组接，穿插字幕过渡，使表演者的位置、动作变化后再组接。这样镜头组接后的画面就不会产生跳动、断续和错位的感觉。

3. 画面方向的统一性，要遵循轴线规律

拍摄主体在进出画面时，需要注意拍摄的总方向，要从轴线一侧拍摄，否则两个画面接在一起拍摄主体就会"撞车"。所谓轴线，就是指拍摄主体的运动方向或者两个交流着的拍摄主体之间的连线。

轴线规律是为了保证镜头在方向性上的统一，在前期拍摄和后期编辑的时候，镜头（摄像机）要保持在轴线一侧的180°以内，而不能随意越过轴线。这样构成画面的运动方向、放置方向都是一致的，否则就会跳轴，跳轴的画面除了特殊需要是无法组接的。

4. 镜头组接要遵循"动接动""静接静"的规律

如果画面中同一拍摄主体或不同拍摄主体的动作是连贯的，可以动作接动作，达到顺畅、简洁过渡的目的，简称为"动接动"。如果两个画面中的拍摄主体运动是不连贯的，或者它们中间有停顿，那么这两个镜头的组接，必须在前一个拍摄主体做完一个完整动作后，接一个从静止到开始的运动镜头，这就是"静接静"。"静接静"组接时，前一个镜头结尾停止的片刻称为"落幅"，后一个镜头运动前静止的片刻称为"起幅"，起幅与落幅时间间隔为 1～2 秒。运动镜头和固定镜头组接，同样需要遵循这个规律。如果一个固定镜头要接一个摇镜头，那么摇镜头开始要有起幅；相反，如果一个摇镜头接一个固定镜头，那么摇镜头要有落幅，否则画面就会给人一种跳动的视觉感。当然，为了追求特殊效果，也有静接动或动接静的镜头。

1.4.2 镜头组接的节奏和时间长度

1. 镜头组接的节奏

影视节目的题材、样式、风格及环境气氛、人物的情绪、情节的起伏跌宕等是其节奏的总依据。影片节奏除了通过演员的表演、镜头的转换和运动、音乐的配合、场景的时间空间变化等因素体现，还需要运用组接手段，严格控制镜头的尺寸和数量，整理调整镜头顺序，删除多余的枝节。

影片节目的任何一个情节或一组画面，都要从其表达的内容出发来处理节奏问题。如果在一个宁静祥和的环境里使用了快节奏的镜头转换，就会使观众觉得突兀跳跃，心理难以接受。当在一些节奏强烈，激荡人心的场面中，应该考虑到种种冲击因素，使镜头的变化速率与观众的心理要求一致，以刺激观众的激动情绪，达到吸引和模仿的目的。

2. 镜头组接时间长度

在拍摄影视节目的时候，每个镜头的停滞时间长短，首先是根据要表达内容的难易程度和观众的接受能力来决定的，其次要考虑到画面构图等因素。如画面选择景物不同，包含在画面中的内容也不同。远景、中景等镜头大的画面包含的内容较多，观众看清楚这些画面上的内容，需要的时间就相对长一些，而对于近景、特写等镜头小的画面，所包含的内容较少，观众短时间即可看清，所以画面停留时间可短一些。

另外，一幅或者一组画面中的其他因素，也对画面停留时间长短起到了制约作用。例如，同一个画面亮度高的部分比亮度低的部分更能引起人们的注意。因此该幅画面要表现亮的部分时，长度应该短一些，要表现暗部分的时候，则长度应该长一些。在同一幅画面中，动的部分比静的部分更先引起人们的注意。因此，当要重点表现动的部分时，画面要短一些；表现静的部分时，则画面持续长度应该稍微长一些。

1.4.3 镜头组接的方法

1. 连接组接

连接组接：相连的两个或者两个以上的镜头表现同一拍摄主体的动作。

2. 队列组接

队列组接：相连镜头但不是同一拍摄主体的组接。由于拍摄主体的变化，观众会联想到上下镜头的关系，起到呼应、对比、隐喻的作用。

3. 黑白格组接

黑白格组接：将所需要的闪亮部分用白色画格代替，组接若干黑色画格，或者用黑白相间的画格交叉，可以形成一种特殊的视觉效果。

4. 两极镜头组接

两极镜头组接：从特写镜头直接切换到全景镜头，或者从全景镜头直接切换到特写镜头；视情节的发展在动中转静或者在静中变动，形成突如其来的变化，可产生特殊的视觉和心理效果。

5. 闪回镜头组接

闪回镜头组接：插入人物回想往事的镜头，可以用来揭示人物内心的变化。

6. 同镜头组接

同镜头组接：将同一个镜头分别在几个地方使用。运用这种组接技巧，用来解决所需要的画面素材不够的问题；或者有意重复某一镜头，用来表现某一人物的追忆；或者为了强调某一画面特有的象征性含义，启发观众的思考；或者为了形成首尾呼应，从而达到艺术结构的完整严谨。

7. 拼接

拼接：有时虽然拍摄的时间相当长，但可用的镜头很短，达不到需要的长度和节奏。在这种情况下，如果有同样或相似内容的镜头，则可以把它们当中可用的部分拼接，以达到节目画面要求的长度。

8. 插入镜头组接

插入镜头组接：在一个镜头中间切换，插入另一个表现不同主体的镜头。

9. 动作组接

动作组接：借助动作的可衔接性、连贯性和相似性，作为镜头的转换手段。

10. 特写镜头组接

特写镜头组接：上个镜头以某一人物或物体的特写画面结束，然后从这一特写画面开始，逐渐扩大视野，展示另一情节的环境。其目的是让观众注意力集中在某一人物或物体时，能在不知不觉中转换场景和叙述内容，而不使人产生陡然跳动的感觉。

11. 景物镜头组接

景物镜头组接：在两个镜头之间借助景物镜头作为过渡，可以展示不同的地理环境和景物风貌，表示时间和季节的变换，也是以景抒情的表现手法。

镜头的组接方法多种多样，主要根据内容的需要而定，没有具体的规定和限制。

1.5　影视后期基本概念

1.5.1　基本概念

视频（Video）就是利用人眼视觉暂留的原理，通过播放一系列的图片，使人眼产生运动的感觉（实际上就是系列图片）。视频是一组连续画面信息的集合，是指内容随时间变化的一组动态图像，也称运动图像、活动图像或时变图像。视频与加载的同步声音信息共同呈现动态的视觉和听觉效果。视频用于电影时，采用 24 帧/秒的播放速率；用于电视时，采用 25 帧/秒的播放速率（PAL 制）或者 30 帧/秒的播放速率（NTSC 制）。

1. 电视制式

电视信号的标准制式，可以简单地理解为用来实现电视图像或声音信号所采用的一种技术标准。基带视频是一个简单的模拟信号，由视频模拟数据和视频同步数据构成，用于接收端正确地显示图像，信号的细节取决于采用的视频标准或制式（NTSC/PAL/SECAM）。

彩色电视机主要有如下 3 种制式。

NTSC 制：全屏图像的每帧有 525 条水平线，规定视频源每秒需要发送 30 幅完整的画面（帧），应用于北美大部分国家，亚洲的日本等。

PAL 制：全屏图像的每帧有 625 条水平线，规定视频源每秒需要发送 25 幅完整的画面（帧），应用于欧洲大部分国家和中国。

SECAM 制：顺序传送和存储彩色电视系统，应用于法国、埃及等国家。

2. 帧速率

帧（Frame）是影片中一幅单独的图像。电视和电影都是利用动画的原理使图像产生运动。视频（动画）是一种将一系列差别很小的画面以一定速率连续放映而产生运动视觉的技术。根据人类的视觉暂留现象，连续的静态画面可以产生运动效果。构成动画的最小单位为帧，即组成动画的每一幅静态画面，一帧就是一幅静态画面。

帧速率（FPS）表示视频中每秒包含的帧数，PAL 制影片的帧速率是 25 帧/秒；NTSC 制影片的帧速度是 29.97 帧/秒；电影的帧速率是 24 帧/秒；二维动画的帧速率是 12 帧/秒。

3. 场

在使用视频素材时，会遇到交错视频场的问题，它会严重影响最后的合成质量，大部分视频编辑合成软件中对场的控制提供了一整套的解决方案。要解决场的问题，必须先对场有一个概念。在将光信号转换为电信号的扫描过程中，扫描总是从图像的左上角开始，水平向前行进，同时扫描点也以较慢的速率向下移动。当扫描点到达图像右侧边缘时，扫描点会快速返回左侧，重新开始在第 1 行的起点下面进行第 2 行扫描，行与行之间的返回过程称为水平消隐。一幅完整的图像扫描信号，由水平消隐间隔开的行信号序列构成，称为一帧。扫描点扫描完一帧后，要从图像的右下角返回图像的左上角，开始新一帧的扫描，这一时间间隔称为垂直消隐。对于 PAL 制信号来讲，采用每帧 625 行扫描。对于 NTSC 制信号来讲，采用每帧 525 行扫描。扫描方法分为隔行扫描和逐行扫描。隔行扫描指电子枪首先扫描图像的奇数行（或者偶数行），当图像内所有的奇数行（或偶数行）全部扫描完成后，再使用相同的方法扫描偶数行（或奇数行）。逐行扫描则是依次扫描每行图像的方法。

大部分的视频采用两个交换显示的垂直扫描场构成每一帧画面，这称为交错扫描场。交错视频的帧由两个场构成，其中一个扫描帧的全部奇数场，称为奇场或上场；另一个扫描帧的全部偶数场，称为偶场或下场。场以水平分隔线的方式隔行保存帧的内容，在显示时首先显示第 1 个场的交错间隔内容，再显示第 2 个场来填充第 1 个场留下的缝隙。计算机操作系统是以非交错形式显示视频的，它的每一帧画面都由一个垂直扫描场完成。电影胶片类似于非交错视频，它每次显示整个帧。

解决交错视频场的最佳方案是分离场。合成编辑可以将视频素材进行场分离。通过从每个场产生一个完整帧再分离视频场，并保存原始素材中的全部数据。在对素材进行如变速、缩放、旋转、效果等加工时，场分离是极为重要的。未对素材进行场分离，画面中会有严重的毛刺效果。视频编辑合成软件通过场分离将视频中两个交错帧转换为非交错帧，并最大限度地保留图像信息。在选择场顺序后，观察影片是否能够平滑地进行播放。如果出现了跳动的现象，则说明场的顺序是错误的。

对于采集的视频素材，一般情况下要对其进行场分离设置。另外，如果要将计算机中完成的影片输出到电视监视器播放的领域，则在输出时也要对场进行设置。输出到电视机的影片是具有场的。我们可以对没有场的影片添加场，如使用三维动画软件输出影片，在输出的时候没有输出场，录制到录像带并在电视上播出的时候，就会出现问题。这时候可以为其在输出前添加场。用户可以在渲染设置中进行场设置，也可以在特效操作中添加场，示例效果如图 1.8 所示。

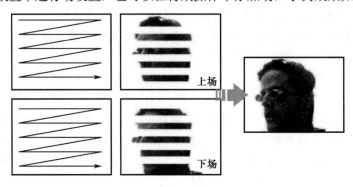

图 1.8　场

4. 图像分辨率

视频的影像质量不仅取决于帧速率，每一帧的信息量也是一个重要因素，即图像的分辨率。较高的分辨率可以获得较好的影像质量。

分辨率指每帧画面内包含图像点的数量，这些图像点称为像素。像素是组成图像的最小的单位，在画面尺寸相同的情况下，分辨率越大，图像越细腻、越清晰。

在电视领域，水平分辨率是每行扫描线中所包含的像素数，垂直分辨率是每幅图像中水平扫描线的数量，即电子光束穿越荧屏的次数。分辨率可以用水平分辨率乘以垂直分辨率来表示，如图 1.9 所示。

图 1.9　分辨率的设置

分辨率最高的标清格式是 PAL 制式，可视垂直分辨率为 576 线，高于这个标准的即为高清，尺寸通常为 1280 像素×720 像素或 1920 像素×1080 像素，帧的宽高比为 16：9。

2K 和 4K 的标准是在高清之上的数字电影格式，分辨率分别为 2048 像素×1080 像素和 4096 像素×2160 像素。目前，RED ONE 等高端数字电影摄像机均支持 2K 和 4K 的标准。

5. 像素宽高比

像素宽高比是指影片画面中每个像素的宽高比，不同格式使用不同的像素宽高比，如图 1.10

所示。

计算机使用正方形像素显示画面，其像素宽高比为 1.0，如图 1.11 所示。而电视基本使用矩形像素，如 DV NTSC 使用的像素宽高比为 0.9，如图 1.12 所示。如果在正方形像素的显示器上显示未经矫正的矩形像素的画面，则会出现变形现象，其中的圆形物体会变为椭圆形物体，如图 1.13 所示。

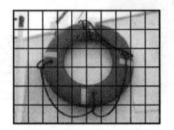

格式	像素宽高比
正方形像素	1.0
D1/DV NTSC	0.9
D1/DV NTSC 宽屏	1.2
D1/DV PAL	1.07
D1/DV PAL 宽屏	1.42

图 1.10 各种格式的像素宽高比

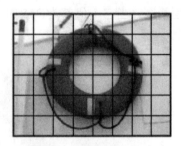

图 1.11 像素宽高比为 1.0

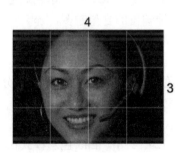

图 1.12 像素宽高比为 0.9

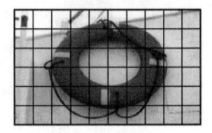

图 1.13 变形现象

帧宽高比是指影片画面的宽高比，可以用两个整数的比来表示，也可以用小数来表示，如常见的电视格式为标准的 4∶3，如图 1.14 所示；宽屏的为 16∶9，如图 1.15 所示。此外，一些电影还具有更宽的比例。

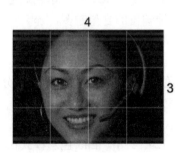

图 1.14 帧宽高比为 4∶3

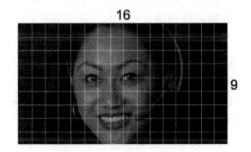

图 1.15 帧宽高比为 16∶9

1.5.2 图像的色彩模式

在影视编辑中，对图像进行色彩处理是必不可少的。后期制作人员必须理解色彩模式、图像类型及分辨率等基本概念，才能懂得什么样的素材搭配什么样的颜色，做出让人满意的效果。

1. 色彩模式

计算机中显示的色彩，是由不同的色彩模式来实现的。下面将对几种常用的色彩模式进行讲解。

（1）RGB色彩模式

RGB是由自然界中红、绿、蓝三原色组成的色彩模式。图像中所有的色彩都是由红（Red）、绿（Green）、蓝（Blue）三原色组合而来的。RGB色彩模式包含"R""G""B"三个单色通道和一个由它们混合而成的彩色通道，可以通过调整"R""G""B"三个通道的数值来调整图像色彩。三原色中的每一种色彩都有一个0～255的取值范围，值为0时亮度级别最低，值为255时亮度级别最高；当三个值都为255时，图像为白色，如图1.16所示。当三个值都为0时，图像为黑色。

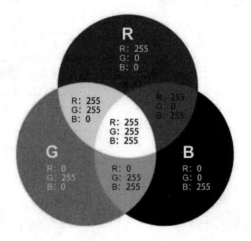

扫码看彩图

图1.16　RGB色彩模式

（2）CMYK色彩模式

印刷品一般采用CMYK色彩模式，如杂志、报纸、宣传画册等。该模式是一种依靠反光的色彩模式，需要外界光源的帮助，它由青（Cyan）、洋红（Magenta）、黄（Yellow）、黑（Black）四种颜色混合而成。CMYK色彩模式的图像包含"C""M""Y""K"四个单色通道和一个由它们混合而成的彩色通道。CMYK色彩模式的图像中某种颜色的含量越多，那么它的亮度级别越低，这个颜色也就越暗。这与RGB色彩模式的颜色混合效果是相反的，如图1.17所示。

（3）Lab色彩模式

Lab色彩模式是唯一一种不依赖外界设备而存在的色彩模式。它是由一个亮度分量"L"及两个颜色分量"a"和"b"来表示颜色的。Lab颜色空间中的"L"分量用于表示像素的亮度，取值范围是[0,100]，表示从纯黑到纯白；"a"表示从红色到绿色的范围，取值范围是[127,-128]；"b"表示从黄色到蓝色的范围，取值范围是[127,-128]。Lab色彩模式在理论上包括人眼可见的所有色彩，它弥补了CMYK色彩模式和RGB色彩模式的不足。在对RGB色彩模式与CMYK色彩模式进行转换时，通常先将RGB色彩模式转成Lab色彩模式，再转成CMYK色彩模式。这样能保证在转换过程中所有的色彩不会丢失或被替换。

（4）HSB色彩模式

HSB色彩模式是基于人眼对色彩的观察来定义的，大脑对色彩的直觉感知，首先是色相，即红、橙、黄、绿、青、蓝、紫等，然后是它的深浅度。这种色彩模式可让使用者觉得更加直观，比较符合人的主观感受。在HSB色彩模式中，"H"代表色相（色度），"S"代表饱和度，"B"代表亮度。色相就是纯色，即组成可见光谱的单色，红色在0°，绿色在120°，蓝色在240°。饱和度代表色彩的纯度，饱和度为0时即为灰色。白、黑和其他灰度色彩都没有饱和度，最大饱和度是每一色相最纯的色光。亮度是指色彩的明亮度，亮度为 0 时即为黑色，最大亮度是色彩最鲜明的状态。

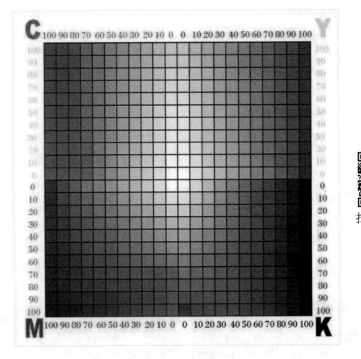

扫码看彩图

图 1.17 色彩模式

HSB 色彩模式可由圆环状模型来表示，其中轴向表示亮度，自上而下由白变黑，径向表示色彩饱和度，自内向外逐渐变高，而圆周方向则表示色调的变化，形成色环，如图 1.18 所示。

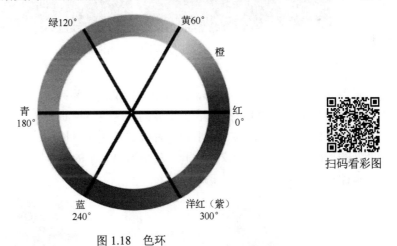

扫码看彩图

图 1.18 色环

（5）灰度模式

灰度模式属于非彩色模式，它通过 256 级灰度来表现图像。灰度图像的每个像素都有一个 0（黑色）～255（白色）的亮度值，其中所表现的各种色调都是由 256 种不同亮度值的黑色所表示的。灰度图像中每个像素的颜色都要用 8 位二进制数存储。

在将彩色模式的图像转换为灰度模式时，会扔掉原图像中所有的色彩信息。需要注意的是，尽管一些图像处理软件可以把灰度模式的图像重新转换成彩色模式的图像，但不会将原先丢失的颜色恢复。所以，在将彩色图像转换为灰度模式的图像时，最好保存一份原件。

（6）Bitmap（位图模式）

位图模式的图像只有黑色和白色两种像素。每个像素用"位"来表示。"位"只有两种状态：0 表示有点，1 表示无点。位图模式主要用于早期不能识别颜色和灰度的设备，如果需要表示灰度，则需要通过点的抖动来模拟，位图模式通常用于文字识别。如果需要使用 OCR（光学字符识别）技术识别图像文件，则需要将图像转化为位图模式。

（7）Duotone（双色调模式）

双色调模式采用 2～4 种彩色油墨创建由双色调、三色调和四色调混合其色阶组成的图像。在将灰度模式的图像转换为双色调模式的过程中，可以对色调进行编辑，产生特殊的效果。

2. 图像

图像分为位图和矢量图两种。

（1）位图

位图也称为光栅图或点阵图，由排列为矩形网格的像素组成，用图像的宽度和高度来定义，以像素为量度单位，每个像素所占的位数表示像素包含的颜色数。当放大位图时，可以看见构成整个图像的无数单个方块，如图 1.19 所示。

图 1.19　位图像素

（2）矢量图

矢量图是与分辨率无关的图形，在数学上定义为一系列由点连接的线。在矢量图中，所有的内容都是由数学定义的曲线（路径）组成的。这些路径曲线放在特定位置并填充有特定的颜色。它具有颜色、形状、轮廓、大小和屏幕位置等属性，移动、缩放图片或更改图片的颜色都不会降低图形的品质，如图 1.20 所示。左图为原大小的矢量图，右图为放大后的矢量图。另外，矢量图还具有文件数据量小的特点。

图 1.20　矢量图原图与放大后的效果

本章小结

　　本章对蒙太奇理论进行了全面而系统的阐述，同时结合前期拍摄对景别与镜头运用技巧进行了适当的介绍，帮助读者开阔视野。本章还对影视后期常用的概念进行了详尽的叙述，并介绍了图像的色彩模式等相关知识，为学习后期剪辑软件 Premiere、后期合成软件 After Effects 奠定扎实的理论基础。

第 2 部分

影视剪辑

第2章

Premiere Pro CC 2021 剪辑技巧

友好的用户界面、伸缩自如的时间线轴面板、便利的轨道编辑方式、强大的鼠标拖曳功能是 Premiere Pro CC 2021 的特点，本章主要介绍 Premiere Pro CC 2021 工作界面、剪辑的基本操作及标记在多机位中的应用。

🡆 教学目标与要点：

❖ 熟悉软件界面操作及剪辑的基本流程。
❖ 掌握剪辑的基本操作，包括复制、移动素材、分离与组合素材及面板操作、监视器操作。
❖ 理解入点、出点概念，掌握三点编辑和四点编辑的方法。
❖ 掌握剪辑工具的应用技巧。
❖ 掌握标记的应用技巧和多机位剪辑的方法。

2.1　Premiere Pro CC 2021 入门

2.1.1　工作界面介绍

1. 工作区的介绍与设置

选择"窗口"→"工作区"命令，查看子菜单可以发现 Premiere Pro CC 2021 预置了以下几种工作区方案，如图 2.1 所示。

● "编辑"：最全面的工作区，也是默认的工作区。
● "所有面板"：显示所有的工作区。
● "作品"：调出作品显示工作区。
● "元数据记录"：记录视频信息数据，以方便查看素材信息。
● "学习"：调整为学习工作区。

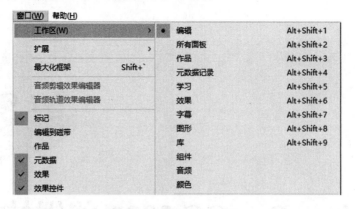

图2.1 "工作区"子菜单

- "效果"：为素材添加特效。
- "字幕"：调出创建字幕工作区。
- "图形"：调出修改图形工作区。
- "库"：调出资料库工作区。
- "组件"：对素材信息进行处理。
- "音频"：对音频信息进行处理。
- "颜色"：调出色彩校正工作区。

此外，还可以将自定义的工作空间存储起来，随时调用。选择"窗口"→"工作区"→"另存为新工作区"命令，在弹出的"新建工作区"对话框中输入工作区的名称，如图2.2所示。

图2.2 "新建工作区"对话框

单击"确定"按钮，定义好的工作区名称就会出现在"窗口"→"工作区"的子菜单中，如图2.3所示。

图2.3 自定义工作区

选择"窗口"→"工作区"→"编辑工作区"命令，可以在弹出的"编辑工作区"对话框的"栏"下拉列表中选择要删除的自定义工作区，如图 2.4 所示。单击"删除"→"确定"按钮即可将其删除。

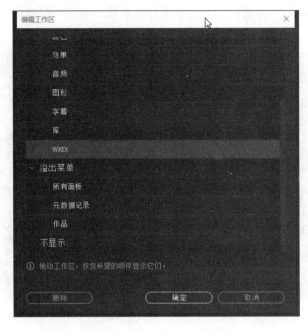

图 2.4 "编辑工作区"对话框

2. Premiere Pro CC 2021 界面面板介绍

启动 Adobe Premiere Pro CC 2021 后的默认工作界面主要包括以下几个部分：菜单栏、工具栏、"项目"面板、"节目"面板、"时间轴"面板、"源"面板。启动后的工作界面如图 2.5 所示。

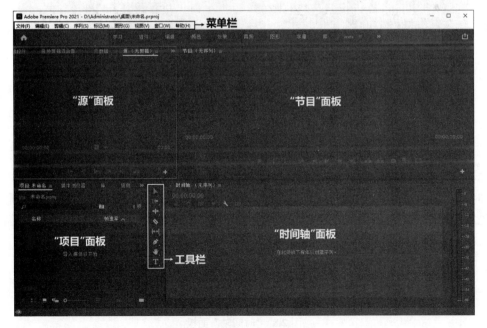

图 2.5 默认启动后的工作界面

（1）"项目"面板

"项目"面板是素材文件的管理器，先将所需的素材导入其中，再进行管理操作。

将素材导入至"项目"面板后，会显示文件的名称、类型、长度、大小等信息，如图 2.6 所示。

图 2.6 "项目"面板

（2）监视器

监视器是用来播放和监控节目内容的窗口，主要分为"源"面板［图 2.7（a）］和"节目"面板［图 2.7（b）］。监视器不仅可以用来播放和预览，还能进行一些基本的编辑操作。

（a）   （b）

图 2.7 监视器

（3）"时间轴"面板

"时间轴"面板是装配素材片段和编辑节目的主要场所，素材片段按时间的先后顺序及合成的先后层顺序在时间轴上从左至右、由上及下排列，可以使用各种编辑工具在其中进行编辑操作，如图 2.8 所示。

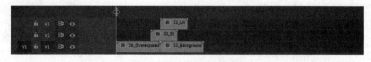

图 2.8 "时间轴"面板

（4）工具栏

工具栏又称工具箱，其中包含各种在"时间轴"面板中进行编辑的工具，如图 2.9 所示。一旦选中某个工具，鼠标指针在"时间轴"面板中便会显现出此工具的外形，并具有其相应的编辑功能。

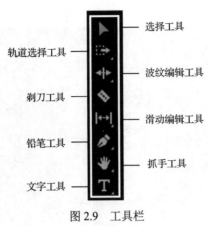

图 2.9　工具栏

2.1.2　剪辑工作流程

（1）启动 Premiere Pro CC 2021，在进入的欢迎界面中，单击"新建项目"按钮，在弹出的"新建项目"对话框中输入名称"万物复苏"，设置好项目文件的存放位置，单击"确定"按钮，如图 2.10 所示。

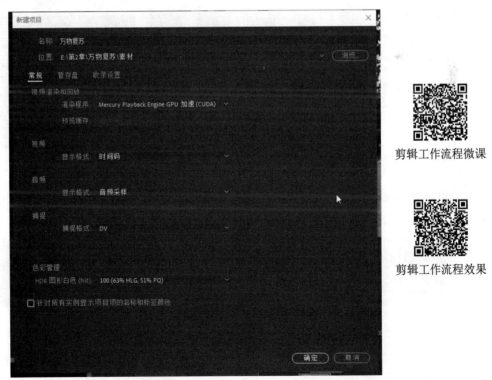

剪辑工作流程微课

剪辑工作流程效果

图 2.10　"新建项目"对话框

（2）在"项目"面板中，单击新建项按钮▣，选择"序列"命令，在弹出的"新建序列"对话框中选择"设置"选项卡，设置"编辑模式"为"自定义"，设置"时基"为"25.00 帧/秒"，设置"帧大小"为"240"，其"水平"和"垂直"分别为"192"和"5.4"，设置"像素长宽比"为"方形像素（1.0）"，如图 2.11 所示，单击"确定"按钮。

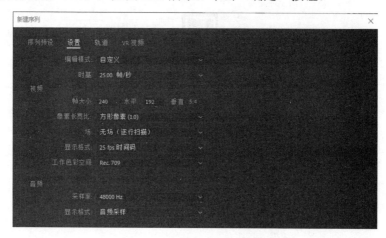

图 2.11 "新建序列"对话框

（3）双击"项目"面板的空白处，在弹出的"导入"对话框中选择"素材\第 2 章\万物复苏"中的"素材"文件夹，单击"打开"按钮，导入素材，如图 2.12 所示。

图 2.12 导入素材

（4）长按"Shift"按键，选择"项目"面板中的所有视频素材，拖动至"时间轴"面板中视频 1"V1"轨道上的开始位置，如图 2.13 所示。

图 2.13 排列视频素材

（5）在"项目"面板中选中"01.wav"音频素材，并拖动至"时间轴"面板中音频 1"A1"轨道上的开始位置，如图 2.14 所示。

图 2.14 排列音频素材

（6）框选"时间轴"面板中视频"V1"轨道上后 3 段素材并往左拖动，直到与下方音频素材出点位置保持一致，如图 2.15 所示。

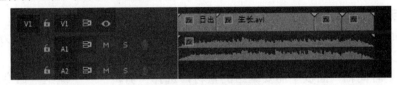

图 2.15 移动视频素材

（7）选择"文件"→"导出"→"媒体"命令，在弹出的"导出设置"对话框中设置参数"格式"为"H.264"，并设置好输出路径与文件名称，单击"导出"按钮，如图 2.16 所示。

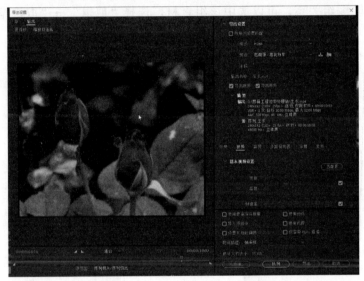

图 2.16 "导出设置"对话框

2.2 剪辑基础操作

2.2.1 素材基础操作

1. 素材的复制与粘贴

在剪辑过程中，有时会需要重复的素材出现，这时可以使用复制与粘贴的方法进行操作。下面用一个案例来介绍素材复制与粘贴的方法。

（1）选择"时间轴"面板中需要进行复制的素材文件，选择"编辑"→"复制"命令（快捷键为"Ctrl+C"），如图 2.17 所示。

（2）选择要进行粘贴素材的轨道，然后将时间指针拖到指定位置，选择"编辑"→"粘贴"命令（快捷键为"Ctrl+V"），如图 2.18 所示，即可将素材粘贴到时间指针所在的位置。

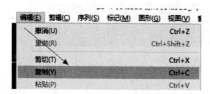

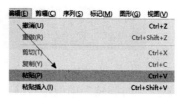

图 2.17　复制素材

图 2.18　粘贴素材

2．分离与组合音频、视频素材

1）组合命令可以对部分文件进行成组操作，对素材的统一移动、裁切非常方便，当不需要时可以选择文件进行解组。

（1）框选"时间轴"面板中需要编组的素材，选择"剪辑"→"编组"命令，如图 2.19所示。

（2）编组完成后，选择该组中的任何素材即可选择整个组，此时可以统一进行移动、裁剪等操作。

（3）若要解除编组关系，可以选中该组素材，选择"剪辑"→"取消编组"命令，如图 2.20 所示。

图 2.19　编组素材

图 2.20　取消编组素材

2）Premiere Pro CC 2021 软件的视频和音频存在于不同的轨道中，当需要对视频和音频文件进行独立或合并的操作时，可以使用链接和取消链接命令。

（1）选择"时间轴"面板中带有音频的视频素材文件并右键单击，在弹出的快捷菜单中选择"取消链接"命令，或者选择"剪辑"→"取消链接"命令，如图 2.21 所示。

（2）此时即可解除该素材的视音频链接，可分别选择视频部分和音频部分进行独立操作。

（3）需要将不同的视频和音频进行合并时，可以选择需要合并的视频和音频轨道上的素材文件并右键单击，在弹出的快捷菜单中选择"链接"命令，或者选择"剪辑"→"链接"命令，如图 2.22 所示。

图 2.21　取消链接音视频　　　　　图 2.22　链接音视频

3. 调整素材播放速度

在 Premiere Pro CC 2021 中可以对视频或音频的播放速度进行修改，持续时间也会自动匹配进行修改。

（1）启动 Premiere Pro CC 2021，单击"新建项目"按钮，在弹出的"新建序列"对话框中选择"序列预设"→"DV-PAL"→"标准 48kHz"命令，输入"序列名称"为"序列 03"，单击"确定"按钮，如图 2.23 所示。

图 2.23　"新建序列"对话框

（2）在"项目"面板中的空白处双击或按快捷键"Ctrl+I"，在弹出的"导入"对话框中选择所需素材文件，并单击"打开"按钮，如图2.24所示。

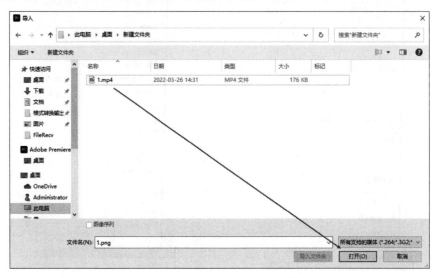

图2.24　导入素材

（3）将"项目"面板中的"1.mp4"素材文件拖动到"时间轴"面板中的"V1"轨道上，如图2.25所示。

图2.25　拖动素材到"时间轴"面板中

（4）选择"时间轴"面板中"V1"轨道上的"1.mp4"素材并右键单击，在弹出的快捷菜单中选择"速度/持续时间…"命令，在弹出的"剪辑速度/持续时间"对话框中设置"速度"为"240%"，并单击"确定"按钮，如图2.26所示。

图2.26　"剪辑速度/持续时间"对话框

（5）可拖动时间指针查看最终视频变换效果，如图 2.27 所示。

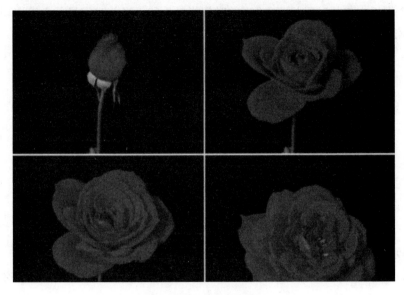

图 2.27　预览视频效果

2.2.2　时间轴与轨道操作

1．"时间轴"面板概览

在"时间轴"面板中，每个序列都可以包含多个平行的视频轨道和音频轨道。项目中的每个序列都以标签的形式出现在"时间轴"面板中。序列中至少包含一个视频轨道，多视频轨道可以用来合成素材。带有音频轨道的序列必须包含一条主控音频轨道以进行整合输出。多轨音频可以用于音频混合，如图 2.28 所示。

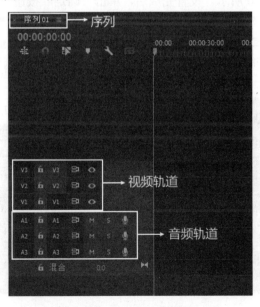

图 2.28　"时间轴"面板概览

2. "时间轴"面板基本操作

"时间轴"面板中包括时间标尺、"当前时间指针"和"当前时间显示"等选项，如图2.29所示，详细用法见"2.21 素材基础操作"。

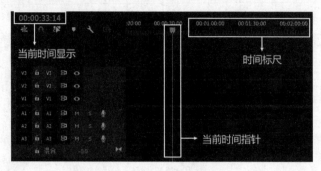

图 2.29 "时间轴"面板

知识点提示：

在窗口或"时间轴"面板中，按住"Ctrl"键的同时单击当前时间显示，可以切换时间的显示方式。

工作区域条：设置要进行预览或输出的序列部分。工作区域条位于时间标尺的下半部分。

视图控制：改变时间标尺的显示比例以增加或减少显示细节。视图控制位于"时间轴"面板的左下部分。

3. 轨道的基本管理方法

每个序列中都包含一个或多个平行的视频和音频轨道，在对轨道中的素材片段进行编辑的同时，还会应用到各种轨道的控制方法。

在"时间轴"面板的轨道中，可以添加或删除轨道及对轨道进行重命名。选择"序列"→"添加轨道"命令，弹出"添加轨道"对话框，在其中输入添加轨道的数量，选择放置位置和音频轨道的类型，如图2.30所示。设置完成后，单击"确定"按钮，即可按设置添加轨道。

单击轨道控制区域，选择"序列"→"删除轨道"命令，弹出"删除轨道"对话框，在其中可以选择删除指定轨道或所有空轨道，如图2.31所示。设置完成后，单击"确定"按钮，即可按设置删除轨道。轨道删除后，其上的素材片段也会从序列中删除。

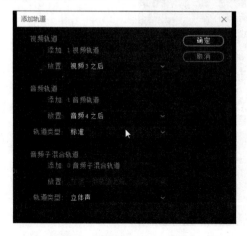

图 2.30 "添加轨道"对话框

图 2.31 "删除轨道"对话框

右击轨道控制区域，在弹出的快捷菜单中选择"重命名"命令，输入新的名称，按"Enter"键可将轨道重命名，如图2.32所示。

4. 使用同步锁定

当进行插入、波纹删除或波纹编辑操作时，单击轨道的同步锁按钮 ，可以设定哪些轨道会受到影响。当包含素材片段的轨道处于同步锁定状态时，将会随着操作而对轨道中的内容进行调整，反之则不受影响。

以插入编辑为例，如果想让编辑点右侧"V1"轨道和"A1"轨道上的所有素材片段向右侧调整，而保留其他轨道的素材片段原地不动，则仅开启"V1"轨道和"A1"轨道的同步锁，如图2.33所示。

图2.32 轨道重命名　　　　　　　　图2.33 同步锁按钮

使用如下操作可设定轨道的同步锁定。

（1）单击位于视频或音频轨道头的同步锁按钮 ，开启所选轨道的同步锁定。

（2）按住"Shift"键，单击某一视频或音频轨道的同步锁按钮 ，可以开启所有视频或音频轨道的同步锁定。开启同步锁定的轨道，其同步锁按钮框中会显示同步锁标记 。

知识点提示：

再次按住"Shift"键单击同步锁按钮，使其不显示同步锁标记，可以关闭某轨道或某类型所有轨道的同步锁定。

5. 隐藏与锁定轨道

隐藏轨道可以将某条或某几条轨道排除在项目之外，使其上的素材片段暂时不能被预览或参与输出。比较复杂的序列往往有多条轨道，当仅需要对其中某条或某几条轨道进行编辑时，可以将其他轨道暂时隐藏起来。单击轨道控制区域的轨道显示按钮 ，使其变成 ，可以将视频轨道暂时隐藏起来；再次单击此按钮，轨道恢复有效性，如图2.34所示。

图2.34 轨道显示按钮

在编辑过程中，为了防止意外操作经常需要将一些已经编辑好的轨道进行锁定。为了保持素材片段视频与音频的同步，需要将视频轨道和与之对应的音频轨道分别进行锁定。单击轨道区域中轨道名称左边的轨道锁按钮 ，轨道锁按钮变成 ，将轨道锁定，轨道上显示斜线。再次单击轨道锁按钮 ，图标与轨道上显示的斜线消失，轨道被解除锁定，如图2.35所示。

在隐藏轨道或锁定轨道的操作中，如果按住"Shift"键，则可以同时将所有同类型的轨道进行隐藏或锁定。

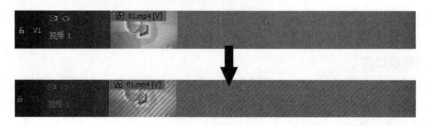

图 2.35　轨道锁效果

知识点提示：

锁定的轨道无法作为目标轨道，其上的素材片段也无法被编辑操作，但可以进行预览或输出。

2.2.3　监视器

1. 监视器组成

默认状态下，监视器由两个面板组成：左侧为"源"面板，用于显示源素材片段。双击"项目"面板中的素材片段，可以在"源"面板中显示该素材；右侧为"节目"面板，用于显示当前序列。两个面板底部的控制面板用于控制播放预览和进行一些编辑操作，如图 2.36 所示。

图 2.36　监视器

单击面板右下角的按钮编辑器按钮，打开"按钮编辑器"对话框，如图 2.37 所示。将需要的按钮从"按钮编辑器"对话框中拖到面板中的按钮区域，按钮区域中的按钮也可以通过拖动的方式改变位置，同时如果将按钮拖动出按钮区域也可以删除该按钮。

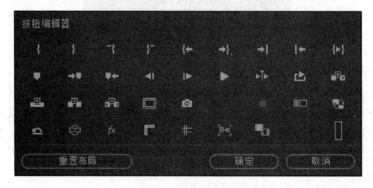

图 2.37　按钮编辑器

知识点提示：

鼠标指针悬停在按钮上，会显示按钮的快捷键。善于使用快捷键进行操作的用户，可以使用此方法隐藏所有按钮。

2.　监视器的时间控制

"源"面板和"节目"面板中都包含时间标尺、当前时间指针、当前时间显示、持续时间显示和显示区域条等，以便用于播放控制，如图2.38所示。

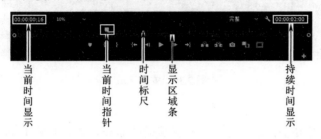

图2.38　监视器的播放控制

（1）时间标尺：在"源"面板和"节目"面板的时间标尺中，分别以刻度尺的形式显示素材片段或序列的持续时间长度。时间的度量和显示与项目设置保持一致。每个标尺还可以在对应监视器中显示标记、入点和出点的位置。可以通过拖动当前时间指针，在时间标尺上调整当前时间指针的位置；还可以在时间标尺上建立和移动标记，以及对入点和出点的位置进行调整。

（2）当前时间指针：在监视器的时间标尺中显示为一个蓝色五边形指针■，可精确地指示当前帧所在的位置。

（3）当前时间显示：在每个监视器视频的左下方显示当前帧的时间码。在"源"面板中显示打开素材的当前时间，而在"节目"面板中显示序列的当前时间。单击激活后可以输入新的时间，将鼠标指针放在上方进行拖动也可以更改时间。

（4）持续时间显示：在每个监视器中视频的右下方显示当前素材片段或序列的持续时间。持续时间不同于素材片段或序列中入点到出点间的时间。未设置入点和出点时，持续时间指整段素材的时间长度，而设置了入点和出点之后，持续时间指的是入点到出点的时间长度。

（5）显示区域条：表示每个监视器中时间标尺上的可视区域。它是左右两个端点都带有柄的细条■，位于时间标尺的下方。可以通过拖动柄改变显示区域条的长度，从而改变下方时间标尺的显示比例。当将显示区域条拓展为最大时，可以显示时间标尺的全程。缩短显示区域条可以放大时间标尺，以查看更多细节。拖动显示区域条的中心位置，可以在不改变显示比例的情况下滚动时间标尺的可视区域。

知识点提示：

尽管"节目"面板中的当前时间指针的位置与"时间轴"面板中当前时间指针的位置是同步关联的，但更改"节目"面板中的时间标尺和显示区域条不会影响"时间轴"面板中的时间标尺和显示区域。

3.　在监视器中显示安全区域

安全区域指示线仅能用于编辑时的参考而无法进行预览或输出。在"源"面板或"节目"面板中单击安全区域按钮■，可以显示动作安全区域和字幕安全区域，如图2.39所示。再次单击此按钮，则可隐藏安全区域指示线。

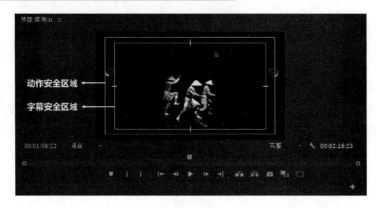

图2.39 安全区域

知识点提示：

默认状态下，动作安全区域和字幕安全区域的边界分别在画面的10%和20%的位置，靠近外侧边缘。在"项目设置"对话框中可以更改安全区域的尺寸。

4．在监视器中选择显示场

可以通过设置在"源"面板和"节目"面板中显示交错视频素材的上场、下场或两场。对于逐行素材，这项设置在"源"面板中是无效的。如果当前序列使用逐行序列的预设，则这项设置在"节目"面板中也无效。

在"源"面板或"节目"面板的弹出式菜单中选择"显示第一个场""显示第二个场""显示双场"命令，可以分别显示上场、显示下场或显示上、下两场。

5．选择显示模式

在监视器的视频显示区域中，根据工作性质的需要可以选择用各种方式显示视频，包括普通视频画面、视频的Alpha通道或者各种测量工具系统。在"源"面板或"节目"面板中单击设置按钮 ，或者在弹出菜单中选择所需的显示模式。

合成视频：显示普通视频画面。

Alpha：以灰度图的方式显示画面的不透明度。

6．播放素材和节目

"源"面板和"节目"面板中包含各种与录像机上控制功能相似的控制按钮。使用"源"面板中的控制按钮可以播放并编辑的素材片段，使用"节目"面板中的控制按钮可以播放并预览当前序列。播放控制大多对应快捷键，具体操作如下。

（1）单击逐帧向前按钮 ，或按住"K"键的同时按"L"键，可以将当前时间指针向前移动1帧。按住"Shift"键的同时单击逐帧向前按钮 ，可以将当前时间指针向前移动5帧。

（2）单击逐帧向后按钮 ，或按住"K"键的同时按"J"键，可以将当前时间指针向后移动1帧。按住"Shift"键的同时单击逐帧向后按钮 ，可以将当前时间指针向后移动5帧。

（3）当"时间轴"面板或"节目"面板处于激活状态时，在"节目"面板中单击到上一个编辑点按钮 ，或按"Page Down"键，可以将当前时间指针移动到目标音频或视频轨道中上一个编辑点的位置。

（4）当"时间轴"面板或"节目"面板处于激活状态时，在"节目"面板中单击到下一个编辑点按钮 ，或按"Page Up"键，可以将当前时间指针移动到目标音频或视频轨道中下一个编辑点的位置。

（5）按"Home"键，可以将当前时间指针移动到素材片段或序列的起始位置。

（6）按"End"键，可以将当前时间指针移动到素材片段或序列的结束位置。

7. 参考监视器

参考监视器相当于第二个"节目"面板。参考监视器可以用于对比序列中的不同帧或显示同一帧的不同模式。当需要显示同一帧的不同模式时，如对影片进行调色时，可以通过单击参考监视器底部控制面板中的链接按钮配图，来使参考监视器与"节目"面板同步，并选择一种所需的显示模式。

选择"窗口"→"参考监视器"命令，可以在单独的面板中打开一个新的参考监视器。一般情况下，可以拖动其标签使其与"源"面板编组。

知识点提示：

可以像操作"节目"面板一样，设置参考监视器的显示精度、区域和显示模式。其时间标尺与显示区域条的工作原理与"节目"面板的原理基本相同。但是，由于其目的仅仅在于参考而非编辑，所以其控制面板中仅包含移动到帧的功能，不包含播放和编辑功能。当与"节目"面板设置关联同步后，可以使用"节目"面板控制参考监视器播放。

2.3　剪辑概念与技能

2.3.1　入点与出点

1. 入点与出点的概念与设置

在"项目"面板或"时间轴"面板中双击要进行剪辑的素材片段，将其在"源"面板中打开。将时间指针放置在要设置入点的位置，在控制面板中单击设置入点按钮▐，将此点设置为入点；将当前时间指针放置在要设置出点的位置，在控制面板中单击设置出点按钮▐，将此点设置为出点，如图 2.40 所示。

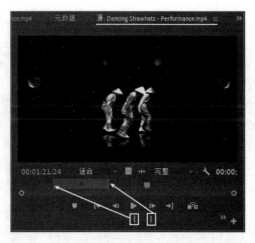

图 2.40　设置入点与出点

知识点提示：

此操作方式同样适用于在"节目"面板中同步移动序列入点和出点的位置。

在"源"面板中单击转到入点按钮 ，将当前时间指针移动到入点位置；单击转到出点按钮 ，将当前时间指针移动到出点位置。

选择"标记"→"清除入点"命令或"标记"→"清除出点"命令，可以将"源"面板中当前打开的素材片段的入点、出点全部或分别清除。

按住"Alt"键的同时，单击设置入点按钮 或单击设置出点按钮 ，也可以相应删除入点或出点。

2. 手动拖动"源"面板中的视音频

当从"源"面板中拖动包含声音的影片时，使用如下方式可以区别使用素材的视频或音频源。

可以直接从素材画面上进行拖动，使用素材片段的音频和视频，如图 2.41 所示。

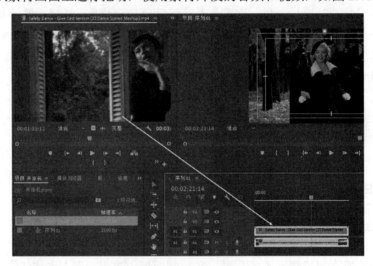

图 2.41　拖动素材至轨道上

若从视频按钮 进行拖动，则仅拖动视频部分，如图 2.42 所示。

图 2.42　仅拖动视频

若从音频按钮 进行拖动，则仅拖动音频部分，如图 2.43 所示。

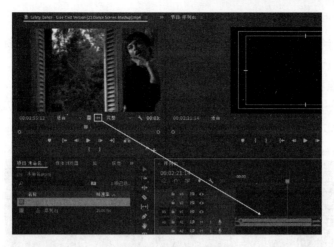

图 2.43　仅拖动音频

3. 素材的覆盖编辑与插入编辑

选择"覆盖"或"插入"的方式都可以将素材添加到序列中。

1）覆盖编辑

覆盖编辑是将素材覆盖到序列中指定轨道的某一位置，替换原来的素材片段。此方式类似于录像带的重复录制，如图 2.44 所示。

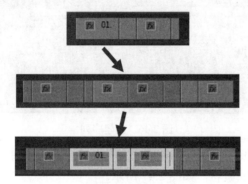

图 2.44　覆盖编辑

2）插入编辑

插入编辑就是将素材插入到序列中指定轨道的某一位置，序列从此位置被分开，后面的素材被移到素材出点之后，如图 2.45 所示。此方式类似于电影胶片的剪接。

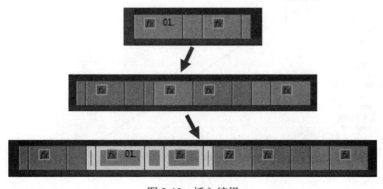

图 2.45　插入编辑

知识点提示：

插入编辑会影响到其他未锁定轨道上的素材片段，如果不想使某些轨道上的素材受到影响，则应锁定这些轨道。

4. 入点与出点案例

（1）新建项目与序列，在"新建序列"对话框中设置编辑模式为"DNX 720p"，时基为"29.97帧/秒"，像素长宽比为"方形像素（1.0）"，如图 2.46 所示。

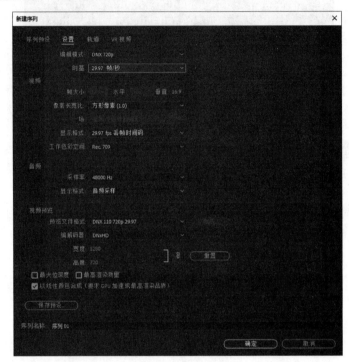

入点与出点案例微课

入点与出点案例效果

图 2.46　新建序列

（2）双击"项目"面板的空白处，在弹出的"导入"对话框中，导入"工程文件与效果\第 2 章\入点出点剪辑"中的素材，如图 2.47 所示。

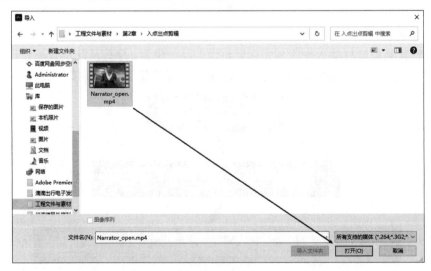

图 2.47　导入素材

（3）在"项目"面板中双击这段视频素材，使其在"源"面板中显示，并预览其效果，如图 2.48 所示。

（a）　　　　　　　　　　　　　　　　　（b）

图 2.48　素材源监视器面板

（4）在"源"面板中将时间指针放置在 1 秒 16 帧处，单击"源"面板工具栏中的设置入点按钮 ，即可为该素材添加一个入点，如图 2.49 所示。

图 2.49　设置入点

（5）将时间指针放置在 6 秒 28 帧处，单击"源"面板工具栏中的设置出点按钮 ，即可为该素材添加一个出点，如图 2.50 所示。

图 2.50　设置出点

（6）在"源"面板中的画面上单击并拖动视频素材到"时间轴"面板中视频"V1"轨道上，"时间轴"面板中的素材就是在"源"面板中设置的入点与出点之间的素材片段，如图2.51所示。

图2.51　拖动素材至"时间轴"面板中

知识点提示：

如果单击仅拖动视频按钮▦，则可以只拖动"源"面板中的入点与出点间的视频信息。而如果单击仅拖动音频按钮▦，则可以只拖动"源"面板中的入点与出点间的音频信息。如果直接拖动"源"面板中的画面部分，则可以同时拖动入点与出点间的视频信息与音频信息。

2.3.2　三点编辑和四点编辑

1. 三点编辑的讲解与操作

三点编辑就是通过设置两个入点和一个出点或一个入点和两个出点对素材在序列中进行定位，第四个点会被自动计算出来。例如，一种典型的三点编辑方式是设置素材的入点和出点，以及素材的入点在序列中的位置（即序列的入点），那么素材的出点在序列中的位置（即序列的出点）会通过其他3个点被自动计算出来。任意3个点的组合都可以完成三点编辑操作。

在监视器中先使用设置入点按钮▮和设置出点按钮▮或快捷键"I"和快捷键"O"，为素材和序列设置所需的3个点，再使用插入按钮▦或覆盖按钮▦（快捷键","或快捷键"."），将素材以插入编辑或覆盖编辑的方式添加到序列中的指定轨道上，完成三点编辑，如图2.52所示。

2. 四点编辑的讲解与操作

四点编辑需要设置素材的入点和出点及序列的入点和出点，通过匹配对齐将素材添加到序列中，方法和三点编辑类似。如果标记的素材和序列的持续时间不同，那么在添加素材时会弹出"适合剪辑"对话框，当标记的素材长于序列时，可以选择更改剪辑速度；当标记的素材短于序列时，可以选择忽略序列入点或出点，相当于三点编辑，如图2.53所示。设置完毕，单击"确定"按钮，完成编辑的操作。

三点四点编辑
案例微课

三点四点编辑
案例效果

图2.52 三点编辑

3. 三点编辑和四点编辑案例

（1）新建项目与序列，在"序列预设"选项卡的"可用预设"列表框中选择"DV-PAL"文件夹下面的"标准48kHz"选项，如图2.54所示。

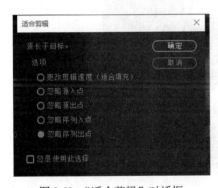

图2.53 "适合剪辑"对话框

图2.54 "新建序列"对话框

（2）在"项目"面板的空白处双击，导入"工程文件与素材\第2章\三点四点剪辑"中的素材，如图2.55所示。

（3）在"项目"面板中将"骑行之旅.avi"视频素材拖至"时间轴"面板中的视频"V1"轨道上，如图2.56所示。

（4）双击"项目"面板中的"特写.avi"视频素材，在"源"面板中设置出点在1秒0帧处，如图2.57所示。

（5）在"时间轴"面板中将时间指针移动至3秒处，单击"节目"面板下方的设置入点按钮，设置好入点；将时间指针移动至4秒处，单击"节目"面板下方的设置出点按钮，设置好出点，如图2.58所示。

图 2.55　导入素材

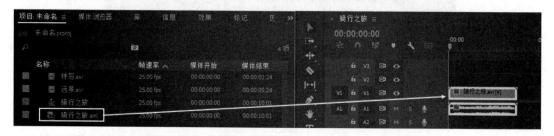

图 2.56　拖动素材至视频"V1"轨道

图 2.57　设置出点

图 2.58　设置序列入点和出点

（6）在"源"面板中单击覆盖按钮▣，此时弹出"适合剪辑"对话框，选中"忽略序列入点"单选按钮，单击"确定"按钮，四点剪辑完成，如图2.59所示。

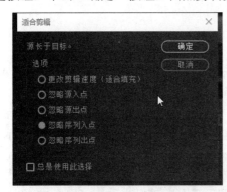

图2.59　四点剪辑操作

（7）在"项目"面板中双击"远景.avi"视频素材，使其显示在"源"面板中，分别在1秒和3秒处设置入点和出点，如图2.60所示。

图2.60　设置入点和出点

（8）在"时间轴"面板中将时间指针移到5秒处，单击"节目"面板中的设置入点按钮▣，在序列中设置入点，在"源"面板中单击覆盖按钮▣。三点剪辑完成，如图2.61所示。

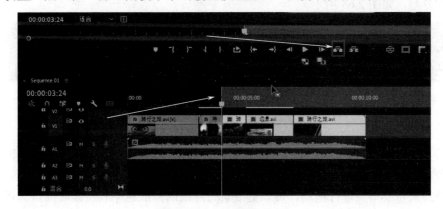

图2.61　三点剪辑操作

2.3.3 剪辑工具用法

1. 选择素材片段的基本方法

（1）选择工具

在"时间轴"面板中编辑素材片段之前，先要使用选择工具▶将其选中。按住"Alt"键，单击链接片段的视频或音频部分，可以单独选择单击的部分。

如果要选择多个素材片段，则按住"Shift"键，使用选择工具▶逐个单击要选择的素材片段，或使用选择工具拖动出一个区域，将区域范围内的素材片段选中，如图 2.62 所示。

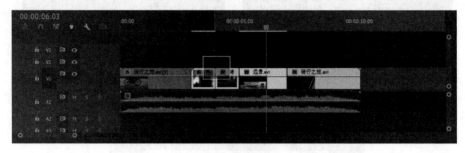

图 2.62 选择素材

（2）轨道选择工具

使用轨道选择工具▦，单击轨道上某一素材片段，可以选择此素材片段及同一轨道上其后的所有素材片段。按住"Alt"键，使用轨道选择工具▦单击轨道中链接的素材片段，可以单独选择其视频轨道或音频轨道上的部分。按住"Shift"键，使用轨道选择工具▦单击不同轨道上的素材片段，可以选择多个轨道上所需的素材片段。

2. 素材片段的分割与伸展

（1）剃刀工具

如果需要对一个素材片段进行不同的操作或施加不同的效果，则可以先将素材片段进行分割。使用剃刀工具◈，单击素材片段上要进行分割的点，就可以从此点将素材片段一分为二。按住"Alt"键，使用剃刀工具◈单击链接的素材片段上的某一点，可仅对单击的视频或音频部分进行分割。按住"Shift"键，单击素材片段上的某一点，可将此点所有未锁定轨道上的素材片段进行分割，如图 2.63 所示。

图 2.63 分割素材

（2）比率拉伸工具

如果需要对素材片段进行快放或慢放的操作，则可以更改素材片段的播放速率和持续时间。对于同一个素材片段，其播放速率越快，持续时间越短，反之亦然。使用比率拉伸工具▸▸对素材片段的入点或出点进行拖动，可以更改素材片段的播放速率和持续时间，如图 2.64 所示。按快捷键"Ctrl+R"，可以在弹出的"剪辑速度/持续时间"对话框中对素材片段的播放速率和持续时间进行精确调节，还可以通过勾选"倒放速度"复选框，对素材片段的帧顺序进行反转，如图 2.65 所示。

图 2.64　比率拉伸工具　　　　　图 2.65　"剪辑速度/持续时间"对话框

知识点提示：

当改变了素材片段的速率后，其中的动态画面可能会出现抖动或闪烁，启动"帧混合"选项，可以创建新的插补帧以平滑动作。选择"剪辑"→"视频选项"→"帧混合"命令，可以开启或关闭帧混合。默认状态下，帧混合是打开的。

3．波纹编辑与滚动编辑

除使用选择工具拖动的方法编辑素材片段的入点和出点外，还可以根据实际情况使用几种专业的编辑工具对相邻素材片段的入点和出点进行更改，从而完成一些比较复杂的编辑。对于相邻的两个素材片段，可以使用波纹编辑或滚动编辑的方法对其进行编辑操作。在进行这两种编辑时，"节目"面板中会显示前一个素材片段的出点帧和后一个素材片段的入点帧，以方便用户观察操作，如图 2.66 所示。

图 2.66　"节目"面板

（1）波纹编辑工具

波纹编辑在更改当前素材入点或出点的同时，会根据素材片段收缩或扩张的时间将随后的素材向前或向后推移，使节目总长度发生变化。

使用波纹编辑工具 ![icon]，当移动到素材片段的入点或出点位置并出现波纹入点图标或波纹出点图标时，可以通过拖动对素材片段的入点或出点进行编辑，随后的素材片段将根据编辑的幅度自动移动以保持相邻，如图 2.67 所示。

（2）滚动编辑工具

滚动编辑工具对相邻的前一个素材片段的出点和后一个素材片段的入点进行同步移动，其他素材片段的位置和节目总长度保持不变。

图 2.67　使用波纹编辑工具

使用滚动编辑工具 在素材片段之间的编辑点上向左或向右拖动，可以在移动前一个素材片段出点的同时对后一个素材片段的入点进行相同幅度的同向移动，如图 2.68 所示。

图 2.68　使用滚动编辑工具

知识点提示：

波纹编辑工具与滚动编辑工具最明显的区别在于波纹编辑更改了节目的总长度，而滚动编辑能够保持节目总长度不变。

4．外滑工具与内滑工具

对于相邻的 3 个素材片段，可以使用外滑或内滑的方法对其进行编辑操作。在进行这两种编辑时，"节目"面板会显示中间素材片段的入点帧和出点帧，以及前一个素材片段的出点帧和后一个素材片段的入点帧，以方便用户观察操作，如图 2.69 所示。

图 2.69　"节目"面板

外滑工具 对素材片段的入点和出点进行同步移动，并不影响其相邻的素材片段，节目总长度保持不变。

内滑工具 通过同步移动前一个素材片段的出点和后一个素材片段的入点，在不更改当前素材片段入点和出点位置的情况下对其进行相应的移动，节目总长度保持不变。

知识点提示：

外滑工具改变当前素材片段的入点和出点，而内滑工具改变前一个素材片段的出点和后一个素材片段的入点，两者均不改变节目总长度。

5. 钢笔工具、手形工具与缩放工具

（1）钢笔工具

钢笔工具可以用来添加、选择、移动、删除或调整序列上的关键帧，以及在"时间轴"面板中设置关键帧，包括素材片段的透明度、音频的高低、音频与视频的渐变等。

（2）手形工具

手形工具用来移动整个序列，与"时间轴"面板底部的滚轮作用相似，区别相当于摄像机手动变焦与自动变焦的区别。

（3）缩放工具

缩放工具用来缩小或放大"时间轴"面板的显示比例，选择后单击会放大，按"Alt"键时单击会缩小。这种操作基本上很少有人用到，比较常用的是按"+"键放大，按"－"键缩小。

2.4　使用标记

标记可以起到指示重要的时间点并帮助定位素材片段的作用。标记仅用于参考，并不改变素材片段本身。可以使用标记定义序列中的一个重要的动作或声音。还可以使用序列标记设置DVD或QuickTime影片的章节，以及在流媒体影片中插入URL链接。Premiere Pro CC 2021还提供了Encore章节标记，以在与Encore进行整合时设置场景和菜单结构。

可以向序列或素材片段添加标记。在监视器中，标记以小图标的形式出现在其时间标尺上；在"时间轴"面板中，素材标记在素材上显示，而序列标记在序列的时间标尺上显示，如图2.70所示。

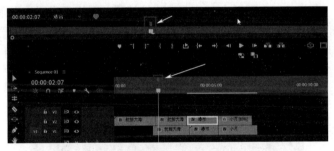

图 2.70　标记

知识点提示：

先为从"项目"面板中打开的素材片段设置好标记，再将其添加到序列中，则此素材片段会依然保持标记。

2.4.1　标记设置方法

在"源"面板中打开素材，将当前时间指针移动到要设置标记的位置，单击添加标记按钮▼，或选择"标记"→"添加标记"命令，或按快捷键"M"，均可在此位置为素材添加一个素材标记。

在"时间轴"面板中，将当前时间指针移动到要设置标记的位置，在"节目"面板中单击添加标记按钮▼，或在"时间轴"面板中单击添加标记按钮▼，或选择"标记"→"添加标记"

命令，或按快捷键"M"，均可在此位置为序列添加一个序列标记。

图 2.71 "标记"对话框

知识点提示：

在序列嵌套时，子序列的序列标记在母序列中会显示为嵌套序列素材的素材标记。

在"源"面板被选中的状态下，选择"标记"→"清除所选标记"/"清除所有标记"命令，可以分别删除当前素材标记或所有素材标记。而在"节目"面板被选中的状态下，选择"标记"→"清除所选标记"\"清除所有标记"命令，可以分别删除当前序列标记或所有序列标记。

在"时间轴"面板中双击序列标记，弹出"标记"对话框。在"注释"文本框中为标记添加注释。如果用于制作 DVD，则选中"章节标记"单选按钮，如图 2.71 所示，输出为"AVI"或"MOV"等标准格式后，其标记可以被 Encoder（编码器）辨认并作为影片的章节点；如果用于网络上发布的流媒体，则在"URL"文本框中输入链接地址，可以在播放到该位置时在浏览器中打开链接的网页；而在"帧目标"文本框中输入帧数，可以按帧数进行跳跃式播放。设置完毕，单击"确定"按钮，标记设置生效。

2.4.2 多机位剪辑

（1）新建项目，在"项目"面板中，单击新建按钮，选择"序列…"命令，在弹出的"新建序列"对话框中选择"设置"选项卡，设置"编辑模式"为"自定义"，设置"时基"为"29.97帧/秒"，设置"帧大小"为"1280"，"水平"和"垂直"分别为"720"和"16.0"，设置"像素长宽比"为"方形像素（1.0）"，单击"确定"按钮，如图 2.72 所示。

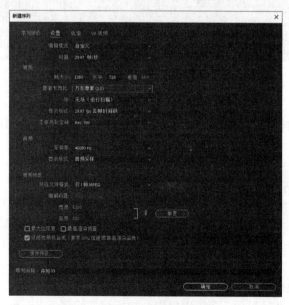

图 2.72 新建序列

多机位剪辑微课

多机位剪辑效果

（2）在"项目"面板的空白处双击，导入"工程文件与素材\第2章\多机位剪辑\素材"中的素材，如图2.73所示。

图2.73　导入素材

（3）在"项目"面板中分别双击3段素材，使其显示在"源"面板中，并分别在素材中"场记板"拍下的时候建立标记。完成之后在标记处设置素材的入点位置，如图2.74所示。

（4）在"项目"面板中选中已经建立好标记与入点位置的3段素材并右键单击，在弹出的快捷菜单中选择"创建多机位源序列…"命令，在弹出的"创建多机位源序列"对话框中设置"视频剪辑名称+"为"多机位"，设置"同步点"为"入点"。完成后单击"确定"按钮，如图2.75所示。

图2.74　为素材创建标记　　　　　　　　图2.75　"创建多机位源序列"对话框

（5）编辑完成后，在"项目"面板中选中"[MCI]Interview Camera A.mp4[V]"多机位源序列，并拖曳至"时间轴"面板中视频"V1"轨道上的开始位置，如图2.76所示。

图2.76　将多机位源序列拖曳至"时间轴"面板中

（6）在"节目"面板中选择菜单栏中的"多机位"命令，打开"多机位"面板，如图2.77所示。

图 2.77　打开"多机位"面板

（7）将时间指针放置在 31 秒 0 帧位置，利用工具栏中的剃刀工具将素材切断，并删除前面的部分，如图 2.78 所示。

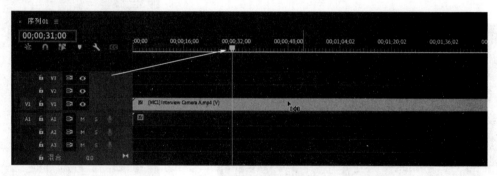

图 2.78　切割素材

（8）右键单击"时间轴"面板中前面的空白处，在弹出的快捷菜单中选择"波纹删除"命令，并在"节目"面板中开启多机位录制开关■，单击多机位面板中的素材"Interview Camera C"，将时间指针放置在 0 秒 0 帧位置，单击"节目"面板中的播放按钮▶，如图 2.79 所示。

图 2.79　开启多机位录制开关

（9）在9秒01帧位置处选择"Interview Camera A"素材，在22秒06帧位置处选择"Interview Camera B"素材，在27秒08帧位置处选择"Interview Camera A"素材；在40秒10帧和47秒27帧位置处分别用剃刀工具将素材切断，将两个时间点之间的素材删除；选择"Interview Camera C"素材，再次单击播放按钮▶，在46秒29帧位置处选择"Interview Camera A"素材，机位剪辑完成，如图2.80所示。

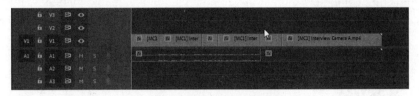

图2.80 剪辑多机位素材

多机位剪辑是影视剪辑中非常重要的技能，Premiere Pro CC 2021在多机位剪辑方面发展的非常快，从以前的只支持4机位，到现在能支持16机位。多机位剪辑常用于大型晚会、演唱会、电视剧等拍摄场景。在多机位操作中，最关键的是要对各个轨道的机位素材进行对齐操作，实现音频同步。

本章小结

本章循序渐进地介绍了Premiere Pro CC 2021的界面与面板、剪辑基本操作、入点与出点、三点编辑和四点编辑及多机位的操作流程，并以案例的形式对以上知识点的应用技巧进行了详尽的介绍。

课后拓展练习

利用"素材与效果\第2章\课后拓展练习——婚礼MV\素材"下面4个文件夹中的视频素材，综合应用本章所学的剪辑基本操作与技巧，完成婚礼MV的剪辑，如图2.81所示。

婚礼剪辑MV微课

婚礼剪辑MV效果

图2.81 婚礼MV

第 *3* 章

过渡

镜头是构成影片的基本要素，在影片中，镜头的转换就是过渡。有些时候，简单的镜头衔接就可以完成切换，这种方式被称为硬切。但有些时候，需要从第一个镜头淡出并向第二个镜头淡入，这种方式被称为软切。Premiere Pro CC 2021 提供了多种过渡的方式，可以满足各种镜头转换的需要。本章主要讲解过渡的基本概念与分类，并通过一个案例介绍过渡的应用技巧。

➡ 教学目标与要点：

❖ 掌握过渡的基本原理和操作方法。

❖ 熟悉过渡分类及应用特征。

❖ 掌握嵌套序列的应用方法。

3.1 过渡基础操作

3.1.1 过渡概述

1. 过渡的基本原理

默认状态下，两个相邻素材片段之间的转换采用硬切的方式，即后一个素材片段的入点帧紧接着前一个素材片段的出点帧，没有任何过渡。我们可以为相邻的素材片段添加过渡，使其产生不同的过渡效果。

过渡就是指在前一个素材逐渐消失的过程中让后一个素材逐渐出现。这就需要素材之间有交叠的部分，即素材的入点和出点要与起始点和结束点拉开距离，使之间的额外帧作为过渡的过渡帧。

如果素材没有足够的额外帧，此时为素材添加过渡，则会弹出提示对话框警示过渡处可能含有重复帧，继续操作，过渡处就会出现斜纹标记，如图 3.1 和图 3.2 所示。

图 3.1 "过渡"对话框

图 3.2 包含重复帧过渡

知识点提示：

如果想取得好的过渡效果，拍摄和采集源素材的过程中，就要在入点和出点处留出足够的额外帧。

2. 单边过渡与双边过渡

过渡通常为双边过渡，将临近编辑点的两段视频或音频素材的端点进行合并。除此之外，还可以进行单边过渡，过渡效果只影响素材片段的开头或结尾。

使用单边过渡可以更灵活地控制过渡效果，例如，可以为前一段素材的结尾添加一种过渡效果，为接下来的一段素材的开头添加另一种过渡效果。单边过渡是指从透明过渡到素材内容，或从素材内容过渡到透明，并非黑场。在"时间轴"面板中，处于单边过渡下方轨道上的素材片段会随着过渡的透明变化而显现出来。如果素材片段在视频轨道 1 上，或者其轨道下方无任何素材，则单边过渡部分会过渡为黑色。如果素材片段在另一个素材片段的上方，则底下的素材片段会随着过渡而显示出来，看上去与双边过渡的效果类似。

知识点提示：

如果要在两段素材之间以黑场进行过渡，则可以使用"渐隐为黑色"过渡模式。"渐隐为黑色"过渡可以不显示其下或相邻的素材片段而直接过渡到黑场。

在"时间轴"面板或"效果控件"面板中，双边过渡为在两个素材之间的过渡，而单边过渡为只存在于一个素材边缘位置的过渡，如图 3.3 所示。

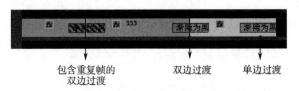

包含重复帧的　　　　　双边过渡　　　单边过渡
双边过渡

图 3.3 单边过渡与双边过渡

3.1.2 添加过渡与改变过渡设置的方法

如果要在两段素材之间添加过渡，则这两段素材必须在同一轨道上，且其间没有间隙。添加过渡之后，还可以对其进行调节设置。

1. 添加过渡

（1）在"效果控件"面板中，展开"视频过渡"文件夹及其子文件夹，在其中找出所需的过渡。

知识点提示：

可以在"效果控件"面板上方的搜索栏中输入过渡名称中的关键字进行搜索。

（2）将过渡从"效果控件"面板拖动到"时间轴"面板中两段素材间的切线上，当出现 图标时，释放鼠标左键。

 ：过渡的结束点与前一个素材片段的出点对齐。

 ：过渡与两段素材间的切线居中对齐。

 ：过渡的起始点与后一个素材片段的入点对齐。

（3）如果仅为相邻素材中的一个素材添加过渡，则应该在按住"Ctrl"键的同时长按鼠标左键拖动过渡到"时间轴"面板中，当出现 或 图标时，释放鼠标左键。

知识点提示：

如果素材片段不与其他的素材相邻，则无须按住"Ctrl"键，直接添加即为单边过渡。

2. 替换过渡

当修改项目时，往往需要使用新的过渡替换之前添加的过渡。从"效果控件"面板中，将所需的视频过渡或音频过渡拖动到序列中原有的过渡上即可完成替换。

替换过渡之后，其对齐方式和持续时间保持不变，而其他属性会自动更新为新过渡的默认设置。

3.1.3 默认过渡

为了提高编辑效率，可以将使用频率最高的视频过渡和音频过渡设置为默认过渡。默认过渡在"效果控件"面板中的图标具有黄色外框。默认状态下，"交叉溶解"和"恒定功率"分别为默认的视频过渡和音频过渡，可以通过菜单命令或其他方式添加默认过渡。如果这两个过渡并非使用最频繁的过渡，则还可以将其他过渡设置为默认过渡。

1. 添加默认过渡

选择"序列"→"应用默认过渡到选择项"命令可以分别为素材片段添加默认的视频过渡或音频过渡。

2. 设置默认过渡

（1）在"效果控件"面板中，展开"视频过渡"文件夹及其子文件夹或"音频过渡"文件夹及其子文件夹，选中当前过渡并右键单击，在弹出的快捷菜单中选择"将所选过渡设置为默认过渡"命令。

（2）在"效果控件"面板右上角的弹出式菜单中选择"设置所选过渡为默认过渡"命令，将当前选中过渡设置为默认过渡。

3. 设置默认过渡长度

（1）选择"编辑"→"首选项"→"常规"命令，弹出"首选项"对话框。

（2）在"视频过渡默认持续时间"或"音频过渡默认持续时间"文本框中输入新的持续时间值，单击"确定"按钮，将默认过渡长度分别设置为"30帧"和"1.00秒"，如图3.4所示。

图3.4 设置默认过渡长度

3.1.4　改变过渡长度

可以在"时间轴"面板或"效果控件"面板中对过渡的长度进行编辑。增长过渡需要素材具备更多的额外帧。

在"时间轴"面板中，将鼠标指针放置在过渡的两端会出现剪辑入点坐标█或剪辑出点坐标█。对其进行拖动可以改变过渡长度，方法与在"时间轴"面板中编辑视频素材相同，如图 3.5 所示。

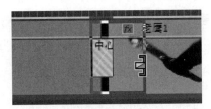

图 3.5　改变过渡长度

3.1.5　过渡设置

1．设置选项

使用"效果控件"面板最主要的作用是通过设置选项，对过渡的各种属性进行精确控制，如图 3.6 所示。

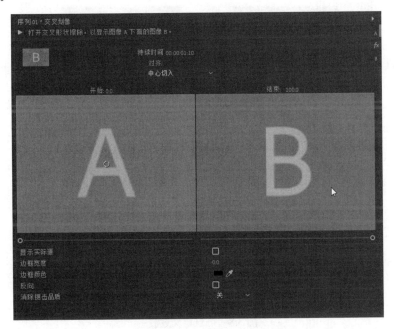

图 3.6　过渡设置选项

开始和结束滑块：设置过渡始末位置的进程百分比，按住"Shift"键拖动滑块，可以对始末位置进行同步移动。

显示实际源：显示素材始末位置的帧画面。

边框宽度：调节过渡边缘的宽度，默认宽度为0.0，一些过渡没有边缘。

边框颜色：设定过渡边缘的色彩。单击色彩标记可以弹出拾色器面板，在其中选择所需色彩，或使用吸管选择色彩。

反向：对过渡进行翻转。例如，顺时针过渡翻转后，转动方向变为逆时针。

消除锯齿品质：调节过渡边缘的平滑程度。

有些过渡，如"交叉划像"过渡，围绕中心点进行。当过渡具备可定位的中心点时，可以在"效果控件"面板的A预览区域通过拖动小圆圈，对中心点进行重新定位，如图3.7所示。

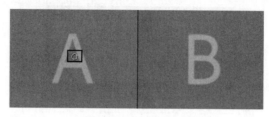

图3.7　手动设置

2. 可自定义过渡

可自定义过渡是指通过使用图片或其他方式自由定义的过渡方式。使用这种类型的过渡，并配合丰富的想象力，可以创建各种各样的过渡效果。

以"渐变擦除"过渡为例，类似于一种动态蒙版，它使用一张图片作为辅助，通过计算图片的色阶，自动生成渐变擦除的动态过渡效果，如图3.8所示。

图3.8　可自定义过渡

知识点提示：

"图像遮罩键"特效使用静态图片作为静态蒙版，而"渐变擦除"则使用静态图片的色阶生成渐变划像的动态过渡效果，使用时注意体会两者的差别。

3.1.6 为音频添加过渡

与素材片段中的视频类似，对音频也可以添加过渡的效果，以生成叠化过渡的音频效果。

使用音频过渡，可以在素材片段之间的过渡部分为音频添加叠化，或为音频素材的入点和出点位置分别添加淡入淡出效果。

Premiere Pro CC 2021 中内置了音频过渡功能，包括"恒定功率""恒定增益""指数淡化"。其中，"恒定功率"为默认状态下的音频过渡效果，如图 3.9 所示。

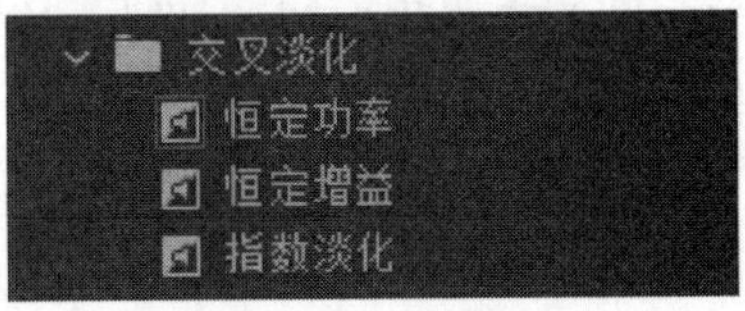

恒定功率：创建一个平滑渐变的过渡，其效果和视频的溶解过渡类似。

图 3.9 音频过渡

恒定增益：在过渡时可持续速率改变音频。

指数淡化：以对数曲线平滑淡出前一段素材片段，并相应地淡入后一段素材片段。

3.2 过渡技巧与艺术

过渡分为无技巧过渡和有技巧过渡。素材与素材之间的组接使用最多的是无技巧过渡，即一个素材结束时立即换成另一个素材。有技巧过渡在组接时虽然使用不多，但是如果使用得好且巧，会给影片增色不少，大大增强艺术感染力。

3.2.1 有技巧过渡应用

Premiere Pro CC 2021 编辑软件中自带了许多视频过渡效果。这些过渡效果按类型分别存放在视频过渡中的子文件夹中。

1. 淡入/淡出（显/隐）——具有舞台落幕感

淡出是指一个场景中最后一个镜头的画面逐渐隐去直到黑场。淡入是指下一个场景第一个镜头的画面逐渐显现直至正常的速度。淡入/淡出画面的长度一般各为 2 秒，但实际编辑时，应根据情节、情绪、节奏的需求来决定。有些影片中淡入/淡出之间还有一段黑场，给人营造出一种间歇感，适用于自然段落的转换。

特点：前后镜头无重叠画面，信号使用 V 形变化。

时长：各 2 秒，中间加入一段黑的画面，称为缓淡，U 形淡变。

用途：用于大段落转换处，给人营造出一种间歇感。

淡出、切入：节奏由慢到快。

切出、淡入：节奏由快到慢。

2. "化"——叠化（溶化、溶变）

前一个镜头的画面与后一个镜头的画面相叠加，前一个镜头的画面逐渐隐去，后一个镜头的画面逐渐显现的过程。

快化——叠化速度短促。

慢化——叠化过程所用时间比常规长。

特点：X 形变化。

用途：用于表现时间的转换和流逝；用于表现梦幻想象、回忆等插叙、回叙，称为化出、化入；用于表示景物变幻莫测、琳琅满目、目不暇接；用于补救视觉部顺的情况；用于情绪的渲染。

3. 划像

划像分为划出与划入。前一个画面从某一个方向退出荧幕称为划出，下一个画面从某一个方向进入荧幕称为划入。划出与划入的形式多种多样，根据画面进、出荧幕的方向不同，可以分为横划、竖划、对角线划等。

时间：0.5～1 秒。

用途：用于意义差别较大的段落。

4. 白闪

"白闪"也称"闪白"，是电视拍摄用语，指画面切换过程中场景出现空白。"白闪"能够制造出照相机拍照、强烈闪光、打雷、大脑中思维片段的闪回等效果，它是一种强烈刺激，能够产生速度感，并且能够把毫不关联的画面接起来而不会让人感到突兀，尤其适合节奏强烈的影片。

3.2.2　无技巧过渡应用

无技巧过渡是用镜头自然过渡来连接上下两段内容的，主要适用于蒙太奇镜头段落之间的转换和镜头之间的转换。与情节段落转换时强调的心理隔断性不同，无技巧转换强调的是视觉连续性。并不是任何两个镜头之间都可以应用无技巧过渡，运用无技巧过渡需要注意寻找合理的转换因素和适当的造型因素。无技巧过渡主要有以下几种。

（1）两级镜头过渡：前一个镜头的景别与后一个镜头的景别是两个极端。如前一个镜头是特写，后一个镜头是全景或远景；前一个镜头是全景、远景，后一个镜头是特写。该过渡可达到强调对比的效果。

（2）同景别过渡：前一个场景结尾的镜头与后一个场景开头的镜头景别相同。该过渡可达到集中观众注意力，使场面过渡衔接紧凑的效果。

（3）特写过渡：无论前一组镜头的最后一个镜头是什么，后一组镜头都是从特写开始的。其特点是对局部进行突出强调和放大，展现一种在生活中用肉眼看不到的景别。我们称之为"万能镜头"和"视觉的重音"。

（4）声音过渡：用音乐、音响、解说词、对白等和画面配合实现过渡。

（5）空镜头过渡：空镜头是指一些以刻画人物情绪、心态为目的，只有景物、没有人物的镜头。空镜头过渡具有明显的间隔效果。其作用是渲染气氛，刻画心理，有明显的间离感。另外，为了叙事的需要，还会用来表现时间、地点、季节变化等。

（6）封挡镜头过渡：封挡是指画面上的运动主体在运动过程中挡住了镜头，使得观众无法从镜头中辨别出被摄物体对象的性质、形状和质地等物理性能。

（7）地点过渡：用于满足场景的转换，比较适用于新闻类节目。根据叙事的需要，不顾及前后两幅画之间是否具有连贯因素而直接切换（使用硬切）。

（8）运动镜头过渡：摄影机不动，主体运动；摄像机运动，主体不动；或者两者均运动。 其作用是过渡真实、流畅，可以连续展示一个空间的场景。该过渡是纪实纪录片创作的有力武器。

（9）同一主体过渡：前后两个场景用同一物体来衔接，上下镜头有承接关系。

（10）出画与入画：主体从前一个场景的最后一个镜头走出画面，从后一个场景的第一个镜头走入画面。

（11）主观镜头过渡：前一个镜头拍摄人物去看，后一个镜头是人物所看到的场景。它具有一定的强制性和主观性。

（12）逻辑因素过渡：前后镜头具有因果、呼应、并列、递进、转折等逻辑关系。这样的过渡合理自然、有理有据，在电视、广告片中运用较多。

3.3　过渡案例

翻开相册

（1）新建项目与序列，在"序列预设"选项卡的"可用预设"列表框中选择"DV-PAL"文件夹下面的"标准48kHz"命令，如图3.10所示。

（2）在"项目"面板的空白处双击，导入"工程文件与素材\第3章\翻开相册\素材"中的素材，如图3.11所示。

图 3.10　序列预设

图 3.11　导入素材

（3）在"项目"面板中选中"kuang-01.tga"素材，并拖动至"时间轴"面板视频"V2"轨道上的开始位置，如图3.12所示。

图 3.12　拖入素材"kuang-01.tga"

（4）把素材"企鹅"拖动至"时间轴"面板中"kuang-01.tga"素材的下面，如图3.13所示。

图3.13　拖入素材"企鹅"

（5）选中"时间轴"面板中的"企鹅"素材，打开"效果控件"面板，展开"运动"选项，设置"位置"属性数值为"537.9"和"341.6"，取消勾选"等比缩放"复选框，"缩放高度"为"90.0"，"缩放宽度"为"78.0"，"旋转"数值为"11.7°"，如图3.14所示，效果如图3.15所示。

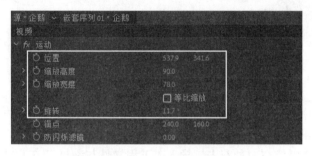

图3.14　调整素材的设置

翻开相册微课

图3.15　素材效果（1）

翻开相册效果

（6）将"kuang-01.tga"素材移至视频"V3"轨道上，在"项目"面板中找到"马"素材，并拖动至"时间轴"面板中"kuang-01.tga"素材的下面，如图3.16所示。

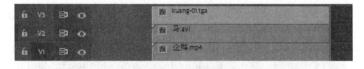

图3.16　拖入素材

（7）在"时间轴"面板中选中"马"素材，打开"效果控件"面板，展开"运动"选项，设置"位置"属性数值为"221.3"和"196.9"，"缩放"数值为"57.0"，"旋转"数值为"-11.8°"，如图3.17所示，效果如图3.18所示。

图 3.17　设置素材相关参数

图 3.18　素材效果（2）

（8）用同样的方法，对其他素材也进行类似的操作，如图 3.19 所示，效果如图 3.20 和图 3.21 所示。

图 3.19　将素材依次拖动至"时间轴"面板中

图 3.20　素材效果（3）

图 3.21　素材效果（4）

（9）分别选中 3 组素材，右键单击选择"嵌套"命令，为 3 组素材分别进行嵌套，效果如图 3.22 所示。

图 3.22　嵌套序列

（10）打开"效果控件"面板，选择"视频过渡"→"页面剥落"→"翻页"命令，并把"翻页"过渡添加在"时间轴"面板的每两段序列素材中间，如图 3.23 所示。

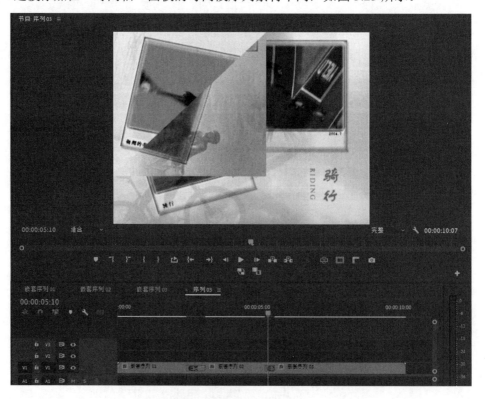

图 3.23　添加翻页转场

（11）分别单击"时间轴"面板中的过渡，打开"效果控件"面板，设置"持续时间"为"00:00:00:20"，"对齐"方式为"中心切入"，如图3.24所示。"翻开的相册"案例制作完成。

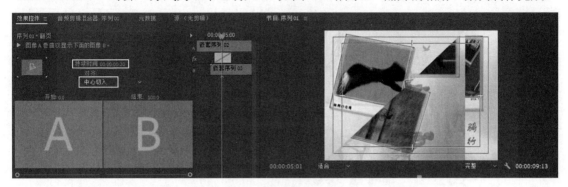

图3.24 调整过渡参数与最终效果

本章小结

镜头间的过渡和衔接应符合平滑、流畅的审美要求，这因此镜是后期制作的重点工作内容之一。视频转场特效是 Premiere Pro CC 2021 的重点特效之一，系统默认提供的转场特效有上百种，这些默认的转场特效可以为用户节省制作过渡效果的时间，极大地提高了用户的工作效率。本章有针对性地介绍了转场的分类与应用特点，并用案例重点讲述了转场的应用技巧。

课后拓展练习

利用"工程文件与素材\第3章\名车展览"文件夹中的图片素材，添加过渡效果，制作视频。

名车展览微课

名车展览效果

第4章

动画与特效

在动画发展的早期阶段，设计师依靠手绘逐张渐变的画面内容，在快速连续的播放过程中产生连续的动作效果。而在 CG 动画时代，设计师只需要在物体阶段运动的端点设置关键帧，软件就会在端点之间自动生成连续的动画，即关键帧动画。本章主要介绍关键帧动画的基本概念与基本操作，并通过多个案例介绍 Premiere Pro CC 2021 中常用特效基本用法。

➡ 教学目标与要点：

❖ 掌握关键帧动画的概念。
❖ 熟悉关键帧的基本操作方法。
❖ 通过动画案例掌握速度控制的常用技巧。
❖ 通过特效案例掌握常用特效的应用技巧。

4.1 关键帧动画

4.1.1 关键帧动画概述

使用关键帧可以创建动画并且能控制动画效果、音频属性，以及其他随时间变化而变化的属性。关键帧标记会指示出设置属性的位置，如空间位置、不透明度或音频的音量。关键帧之间的属性数值会被自动计算出来。当使用关键帧创建随时间而产生的变化时，至少需要两个关键帧，一个处于变化的起始位置，而另一个处于变化的结束位置。使用多个关键帧，可以为属性创建复杂的变化效果。

当使用关键帧为属性创建动画时，可以在"效果控件"面板或"时间轴"面板中观察并编辑关键帧。有时，使用"时间轴"面板设置关键帧，可以更直观地对其进行调节。在设置关键帧时，应该注意以下问题。

（1）在"时间轴"面板中编辑关键帧，适用于只具有一维数值参数的属性，如不透明度或音频的音量。而"效果控件"面板则更适用于二维或多维数值参数的属性，如色阶、旋转或比例等。

（2）在"时间轴"面板中，关键帧数值的变化会以图表的形式展现，因此，可以直观分析数值随时间变化的大体趋势。默认状态下，关键帧之间的数值以线性的方式进行变化，但可以通过改变关键帧的插值，以贝赛尔曲线[①]的方式控制参数的变化，从而改变数值变化的速率。

（3）"效果控件"面板可以一次性显示多个属性的关键帧，但只能显示所选的素材片段；而"时间轴"面板可以一次性显示多轨道或多素材片段的关键帧，但每个轨道或素材仅显示一种属性。

（4）像"时间轴"面板一样，"效果控件"面板也可以图像化显示关键帧。一旦某个效果属性的关键帧功能被激活，便可以显示其数值及速率图。速率图以变化的属性数值曲线显示关键帧的变化过程，并显示可供调节用的柄，调节其变化速率和平滑度。

（5）音频轨道效果的关键帧可以在"时间轴"面板或"音频混合器"面板中进行调节。而音频素材片段效果的关键帧则像视频片段效果一样，可以在"时间轴"面板或"效果控件"面板中进行调节。

4.1.2　操作关键帧的基本方法

使用关键帧可以为效果属性创建动画。在"效果控件"面板或"时间轴"面板中可以添加并控制关键帧。在"效果控件"面板中，单击效果属性名称左侧的秒表按钮，可激活关键帧功能，并在时间指针当前位置自动添加一个关键帧，如图4.1所示。

图 4.1　激活关键帧秒表

关键帧功能方便了关键帧的管理操作。单击添加/删除关键帧按钮，可以添加或删除当前时间指针所在位置的关键帧。单击此按钮前的三角形箭头按钮，可以将时间指针移动到前一个关键帧的位置；单击此按钮后的倒三角形按钮，可以将时间指针移动到后一个关键帧的位置，如图4.2所示。改变属性的数值可以在空白的地方自动添加包含此数值的关键帧，如果此处有关键帧，则更改关键帧数值。

图 4.2　操作关键帧

① 贝赛尔曲线：贝赛尔曲线由线段与节点组成，节点是可拖动的支点，线段像可伸缩的皮筋，在绘图工具上看到的钢笔工具就是用来做这种矢量曲线的。

单击属性名称左侧的三角形标记 ▶，可以展开此属性的曲线图表，包括数值图表和速率图表，如图4.3所示。再次单击码表按钮 ⏱，可以关闭属性的关键帧功能，设置的所有关键帧将被删除。

在"时间轴"面板中，在轨道的素材片段上端的"效果"子菜单中，可以选择显示哪个属性的关键帧，同一轨道的素材片段可以显示不同属性的关键帧，如图4.4所示。视频轨道可以选择显示素材片段的关键帧或轨道的关键帧。

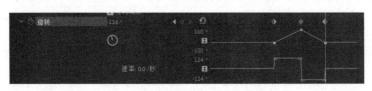 

图4.3　关键帧运动属性曲线图　　　　图4.4　在"时间轴"面板中设置关键帧

知识点提示：

素材片段的"效果"子菜单位于视频轨道中每个素材文件名称旁，可以放大视图使其有足够的空间显示。

同"效果控件"面板一样，"时间轴"面板的"轨道控制"面板区域也有一个"添加/删除关键帧"按钮 ▨ 和两个前后箭头按钮 ◀ ▶，其使用方法和"效果控制"面板相同，如图4.5所示。

"时间轴"面板不仅显示关键帧，还以数值线的形式显示数值的变化。关键帧位置的高低表示数值的大小。在"时间轴"面板上进行关键帧控制前，可以向上拖动轨道名称上方的边界，以扩展轨道显示的高度，方便关键帧控制，如图4.6所示。

图4.5　"时间轴"面板中的关键帧　　　　图4.6　调整轨道显示的高度

按住"Ctrl"键，使用钢笔工具 ✒ 或选择工具 ▶ 单击数值线上的空白位置，可以添加关键帧。按住"Ctrl"键，继续单击关键帧，可以改变其插值方法，在线性关键帧和贝塞尔关键帧中进行转换。当关键帧转化为贝塞尔插值时，可以使用钢笔工具调节其控制柄的方向和长度，从而改变关键帧之间的数值曲线，如图4.7所示。

使用钢笔工具 ✒ 或选择工具 ▶ 单击关键帧，可以将其选中；按住"Shift"键，可以连续选择多个关键帧。拖动选中的关键帧，可以对其位置和数值进行调节，此时会显示关键帧的时间码和属性值，如图4.8所示。使用钢笔工具 ✒ 拖动出一个区域，可以将区域内的关键帧全部选中。选择"编辑"→"剪切"/"复制"/"粘贴"/"清除"命令，可以对选中的关键帧进行剪切、复制、粘贴及清除的操作，其对应的快捷键分别为"Ctrl+X""Ctrl+C""Ctrl+V""Backspace"。粘贴多个关键帧时，可从时间指针位置开始顺序粘贴。

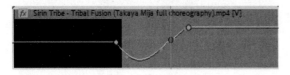 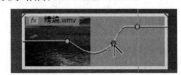

图4.7　调整关键帧数值曲线　　　　图4.8　选择编辑"时间轴"面板中的关键帧

4.2　动画案例

4.2.1　神奇的九寨

（1）新建项目与序列，在"序列预设"选项卡的"可用预设"列表框中选择"DV-PAL"文件夹下面的"标准48kHz"命令，如图4.9所示。

（2）在"项目"面板的空白处双击，导入"工程文件与素材\第5章\神奇的九寨\素材"中的素材，如图4.10所示。

神奇的九寨微课

神奇的九寨效果

图4.9　新建序列　　　　　　　　　　　图4.10　导入案例素材

（3）在"项目"面板中将"01.PSD"素材拖动至"时间轴"面板中的视频"V1"轨道上，调整持续时间为12秒22帧。右键单击"时间轴"面板中的素材，在弹出的快捷菜单中选择"缩放为帧大小"命令，如图4.11所示。

（4）选中"时间轴"面板中的"01.PSD"素材，打开"效果控件"面板，展开"运动"和"不透明度"下拉列表。把时间指针放置在0秒0帧位置，激活"位置""缩放"和"不透明度"前面的秒表，设置"透明度"为"0.0%"，如图4.12所示。

图4.11　调整素材适配于画面

图4.12　为素材建立关键帧

（5）把时间指针放置在 2 秒 0 帧位置，将"效果控件"面板中的"位置"设置为"122.0"和"288.0"，"缩放"设置为"30.0"，"不透明度"设置为"100.0%"，如图 4.13 所示，效果如图 4.14 所示。选中"01.PSD"素材并右键单击，在弹出的快捷菜单中选择"复制"命令。

图 4.13　调整关键帧的数值

图 4.14　调整后的效果

（6）将时间指针放置在 4 秒 0 帧位置，在"项目"面板中找到"02.PSD"素材，拖动至"时间轴"面板中视频"V2"轨道上时间指针所在的位置，并设置持续时间为 12 秒 22 帧。右键单击，在弹出的快捷菜单中选择"粘贴属性"命令，将"位置"属性第 2 个关键帧设置为"353.2"和"288.0"，如图 4.15 所示，效果如图 4.16 所示。

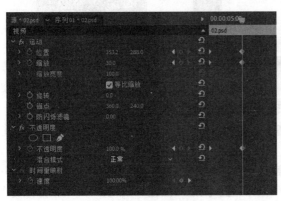

图 4.15　调整位置关键帧

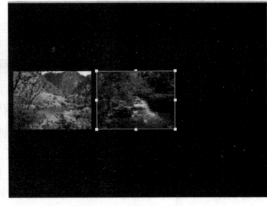

图 4.16　调整后的效果

（7）将时间指针放置在 8 秒 0 帧位置，在"项目"面板中找到"03.PSD"素材，拖动至"时间轴"面板中视频"V3"轨道上时间指针所在的位置，将位置属性第 3 个关键帧设置为"600.6"和"288.0"，如图 4.17 所示，效果如图 4.18 所示。

（8）新建序列，在"项目"面板中单击新建按钮，选择"序列"命令，弹出"新建序列"对话框，在"序列预设"选项卡的"可用预设"列表框中选择"DV-PAL"文件夹下面的"标准 48kHz"命令，如图 4.19 所示。

图 4.17　调整位置关键帧

图 4.18　调整后的效果

图 4.19　新建序列

（9）在"项目"面板中将"序列 01"拖动至"序列 02"中的视频"V2"轨道上，完成序列嵌套。选中"序列 01"并右键单击，在弹出的快捷菜单中选择"取消链接"命令，然后删除音频"A1"轨道中的音频素材，如图 4.20 所示。

（10）将"项目"面板中的"字幕.PSD"素材拖动至"序列 02"中的视频"V1"轨道上，调整其持续时间，使其与视频"V2"轨道中素材出点保持一致，如图 4.21 所示。

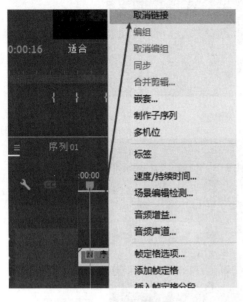

图 4.20　取消音频链接

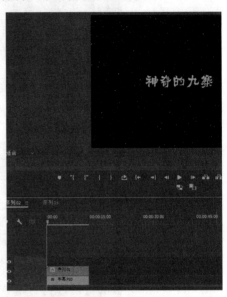

图 4.21　导入字幕素材

（11）选中视频"V1"轨道中的"字幕.PSD"素材，按住"Alt"键的同时向上拖动，复制一层并放于视频"V3"轨道中的开始位置，调整入点为 7 秒 16 帧，如图 4.22 所示。

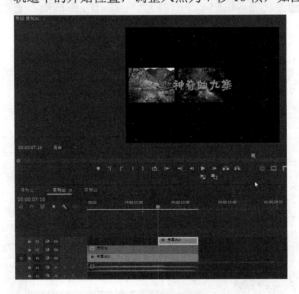

图 4.22　复制字幕素材

（12）将时间指针放置在 10 秒 06 帧位置，选中"时间轴"面板中视频"V3"轨道上的"字幕.PSD"素材，打开"效果控件"面板，展开"透明度"选项，在透明度上建立关键帧，"不透明度"参数设置为"0.0%",如图 4.23 所示。

图 4.23 建立不透明度关键帧(1)

(13)将时间指针移动至素材结束位置,调整"效果控件"面板中"不透明度"关键帧参数为"100.0%",如图 4.24 所示。

图 4.24 设置不透明度关键帧(2)

(14)将"项目"面板中的"音乐.WAV"素材拖动至音频"A1"轨道的开始位置,并调整"时间轴"面板中所有视频轨道中素材的出点,使其与音频轨道中素材出点保持一致,如图 4.25 所示。

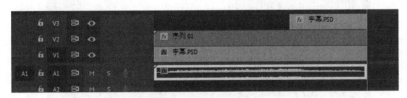

图 4.25 调整素材出点

(15)将时间指针放置在 10 秒 20 帧位置,选中"时间轴"面板中视频"V2"轨道上的"序列 01"素材,打开"效果控件"面板,展开"运动"下拉列表,在"位置"属性上设置关键帧,调整如图 4.26 所示。

图 4.26 设置位置属性关键帧

(16)将时间指针移至素材结束位置,设置"位置"属性关键帧参数为"-357.0"和"288.0",如图 4.27 所示。

图 4.27　设置位置关键帧

4.2.2　卷展画卷

（1）新建项目与序列，在"序列预设"选项卡的"可用预设"列表框中选择"DV-PAL"文件夹下面的"标准 48kHz"命令，如图 4.28 所示。

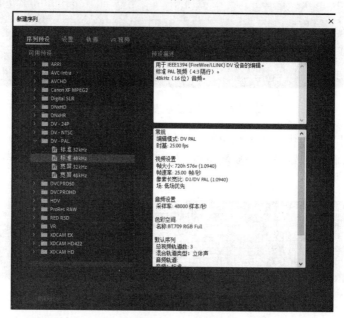

卷展画卷微课

卷展画卷效果

图 4.28　序列预设

（2）双击"项目"面板的空白处，导入"工程文件与素材\第 5 章\卷展画卷\素材\卷展效果.psd"。在弹出的"导入分层文件：卷展效果"对话框中，选择"各个图层"选项，单击"确定"按钮，如图 4.29 所示。

（3）导入素材后，"项目"面板如图 4.30 所示。

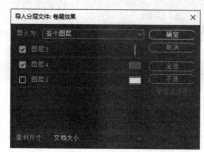

图 4.29　导入分层文件素材

图 4.30　"项目"面板

（4）在"项目"面板中选中素材"图层4/卷展效果.psd"，并拖动至"时间轴"面板中视频"V1"轨道中的开始位置，持续时间为34秒24帧，如图4.31所示。

图4.31 将"图层4/卷展效果.psd"素材拖入视频"V1"轨道上

（5）打开"效果控件"面板，在搜索栏中输入"划出"，按住"Enter"键。把搜索到的"划出"过渡拖动至"时间轴"面板中"图层4/卷展效果.psd"素材上的开始位置，特效持续时间为4秒03帧，如图4.32所示。

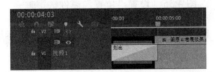

图4.32 添加特效

知识点提示：

"划出"指从画面的某个角点对前一段素材画面进行页面翻折，翻折的部分为透明，以显示后一段素材画面。

（6）在"项目"面板中选中"图层3/卷展效果.psd"素材，并拖动至"时间轴"面板中视频"V2"轨道上的开始位置，持续时间为34秒24帧，如图4.33所示。

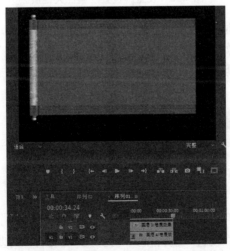

图4.33 将"图层3/卷展效果.psd"素材拖入视频"V2"轨道上

（7）在"项目"面板中选中"图层 3/卷展效果.psd"素材，并拖动至"时间轴"面板中视频"V3"轨道上的开始位置，如图 4.34 所示，调整持续时间为 34 秒 24 帧。

图 4.34　拖入素材

（8）在"时间轴"面板中选中视频"V3"轨道中的"图层 3/卷展效果.psd"素材，打开"效果控件"面板，展开"运动"选项，将时间指针移至 10 帧处，在"位置"属性上设置关键帧，设置参数为"392.0"和"288.0"，如图 4.35 所示。

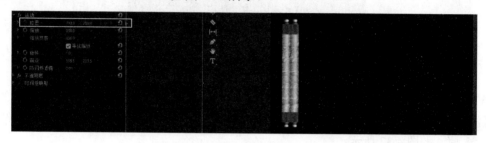

图 4.35　设置"位置"属性关键帧

（9）把时间指针移至 3 秒 19 帧位置，将"位置"属性关键帧参数设置为"961.9"和"288.0"，如图 4.36 所示。

图 4.36　设置"位置"属性关键帧

技巧提示：过渡动画与位置关键帧动画需要协调同步，通过移动左右光标键可以发现过渡动画的开始位置并不在"开始"位置，则可以通过移动"效果控件"面板中关键帧的位置，或者调整过渡动画的长度来实现两者的协调。

4.3　特效案例

4.3.1　边角固定

（1）在"项目"面板中，单击新建按钮，选择"序列"命令，在弹出的"新建序列"对话框中选择"设置"选项卡，设置"编辑模式"为"DV 24p"，"时基"为"23.976 帧/秒"，"像素长宽比"设置为"D1/DV NTSC（0.9091）"，单击"确定"按钮，如图 4.37 所示。

（2）双击"项目"面板的空白处，导入"工程文件与素材\第 5 章\边角固定\素材"，如图 4.38 所示。

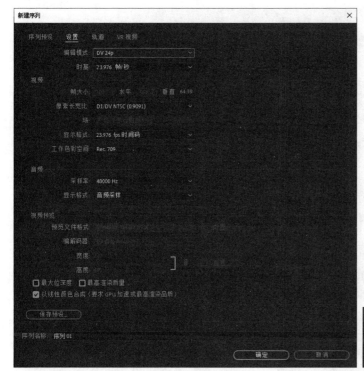

边角固定微课

边角固定效果

图 4.37　新建序列　　　　　　　　　　图 4.38　导入案例素材

（3）在"项目"面板中选中"边角固定效果 02.jpg"素材并拖动至"时间轴"面板中的视频"V1"轨道上，调整素材持续时间为 11 秒 23 帧，并调整其"运动"相关参数，将"位置"设置为"360.0"和"240.0"，"缩放"设置为"90.0"，"锚点"设置为"408.0"和"259.5"，如图 4.39 所示。

图 4.39　调整"运动"参数

（4）将"项目"面板中的"边角固定效果 01.avi"素材拖动至"时间轴"面板中视频"V2"轨道上，如图 4.40 所示。

（5）选中"时间轴"面板中的"边角固定效果 01.avi"素材，打开"效果控件"面板，分别搜索"边角固定"与"灰度系数校正"，将搜索到的两个特效添加至该素材上。选中该素材，在"效果控件"面板中，设置"缩放"为"50.0"，"边角定位"特效中的设置"左上"为"91.0"和"117.0"，"右上"为"628.0"和"50.0"，"左下"为"66.0"和"592.0"，"右下"为"642.0"和

"558.0"，在"灰度系数校正"特效中设置"灰度系数"为"5"，如图 4.41 所示，最终效果如图 4.42 所示。

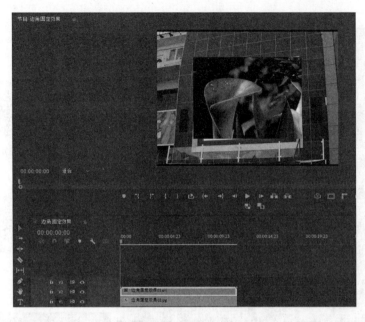

图 4.40 导入素材

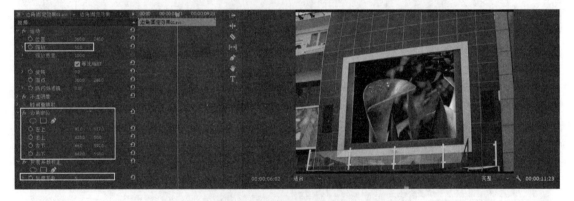

图 4.41 "效果控件"面板

图 4.42 最终效果

4.3.2 水墨画制作

（1）新建序列，在"项目"面板中单击新建按钮 ，选择"序列"命令，弹出"新建序列"对话框，在"序列预设"选项卡的"可用预设"列表框中选择"DV-PAL"文件夹下面的"标准48kHz"命令，如图4.43所示。

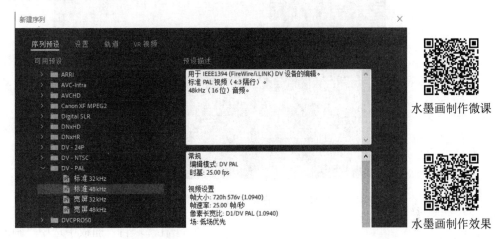

水墨画制作微课

水墨画制作效果

图4.43　新建序列

（2）双击"项目"面板的空白处，导入"工程文件与素材\第5章\水墨画\素材"中的素材，如图4.44所示。

（3）右键单击"项目"面板的空白处，在弹出的快捷菜单中选择"新建项目"→"颜色遮罩"命令，在弹出的"拾色器"中设置"R"为"196"，"G"为"194"，"B"为"165"，如图4.45所示。

图4.44　导入案例素材　　　　图4.45　设置颜色

（4）在"项目"面板中选中"颜色遮罩"素材，并拖动至"时间轴"面板中的视频"V1"轨道上，调整持续时间为4秒24帧，如图4.46所示。

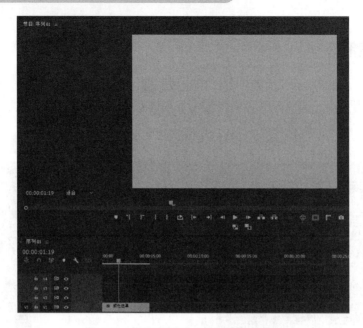

图 4.46　拖动素材到"时间轴"面板中

图 4.47　导入素材

（5）在"项目"面板中选中"画.jpg"素材，并拖动至"时间轴"面板中的视频"V2"轨道上，调整持续时间为 4 秒 24 帧，如图 4.47 所示。

（6）选中"时间轴"面板中的"画.jpg"素材，打开"效果控件"面板，依次添加"黑白""查找边缘""色阶""高斯模糊""裁剪"特效。在"查找边缘"特效中将"与原始图像混合"设置为"55%"；将"色阶"特效中的"（RGB）输入黑色阶"设置为"105"，"（RGB）输入白色阶"

设置为"167"；将"高斯模糊"特效中的"模糊度"设置为"10.0"；将"裁剪"特效中的"顶部"设置为"10.0%"，"底部"设置为"10.0%"，如图 4.48 和图 4.49 所示。

图 4.48　特效参数设置（1）

图 4.49 特效参数设置（2）

知识点提示：

黑白：将彩色素材画面转换为灰阶图，此效果不支持关键帧。

查找边缘：定义素材画面中明显的区域边界，并以暗色的线条进行强调。

色阶：调节素材片段的亮度和对比度。其整合了色彩平衡、灰度校正、亮度与对比度和色彩转换的基本功能。效果的设置对话框中显示当前帧的色阶直方图。x 轴代表亮度，从左至右表示从暗到亮；y 轴表示此亮度值的像素数。在其中可以进行类似于软件 Photoshop 中的色阶调整。

高斯模糊：对图像进行模糊和柔化，并去除噪点。它可以将模糊设置为横向、纵向或全部。

（7）在"项目"面板中选中"题词.tif"素材，并拖动至"时间轴"面板中视频"V3"轨道上的开始位置，调整持续时间为 4 秒 24 帧，如图 4.50 所示。

图 4.50 导入素材

（8）选中"时间轴"面板中的"题词.tif"素材，设置"位置"为"554.0"和"132.0"，"缩放"为"121.0"，"锚点"为"119.0"和"53.0"。打开"效果控件"面板，添加"亮度键"，将"屏蔽度"设置为"61.0%"，如图 4.51 所示。

图 4.51 调整"运动"参数与亮度键

知识点提示:

亮度键: 能够调整出图像的灰度值，又能保持其色彩值。所以"亮度键"常用于纹理背景上，使素材影片覆盖纹理背景。它可调整的参数包括"阈值"及"屏蔽"，对大面积的灰度图像的调整效果很好。

4.3.3　水滴中的女孩

（1）新建序列。在"项目"面板中单击新建按钮■，选择"序列"命令，弹出"新建序列"对话框，在"序列预设"选项卡的"可用预设"列表框中选择"DV-PAL"文件夹下面的"标准48kHz"命令，如图4.52所示。

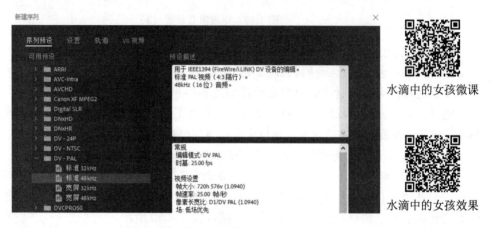

水滴中的女孩微课

水滴中的女孩效果

图 4.52　新建序列

（2）双击"项目"面板的空白处，导入"工程文件与素材\第5章\水滴中的女孩\素材"中的素材，如图4.53所示。

（3）在"项目"面板中选中"花瓣.jpg"素材并拖动至视频"V1"轨道上，调整出点到6秒12帧处，如图4.54所示。

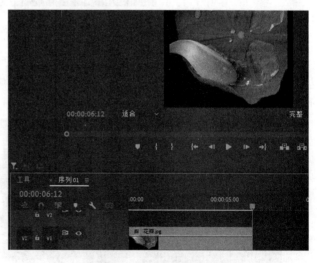

图 4.53　导入案例素材　　　　　图 4.54　拖入素材"花瓣.jpg"

（4）在"项目"面板中选中"Internet Surfing On Couch.mp4"素材拖动至视频"V2"轨道上，如图4.55所示，调整出点到6秒12帧处。

图4.55　拖入素材"Internet Surfing On Couch.mp4"

（5）在"项目"面板中选中"花瓣-mask.jpg"素材，并将其拖动至"时间轴"面板中视频"V3"轨道上的开始位置，调整持续时间为6秒12帧，如图4.56所示。

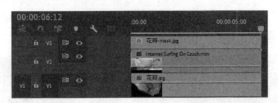

图4.56　拖入素材"花瓣-mask.jpg"

（6）选中"时间轴"面板中的"Internet Surfing On Couch.mp4"素材，打开"效果控件"面板，添加"水平翻转"特效，如图4.57所示。

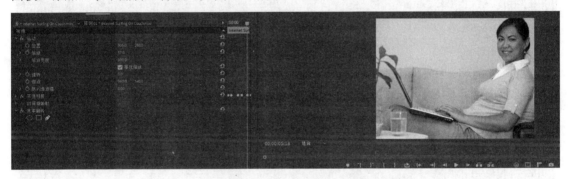

图4.57　添加"水平翻转"特效

（7）选中"时间轴"面板中视频"V3"轨道上的"花瓣-mask.jpg"素材，打开"效果控件"面板，展开"不透明度"选项，设置不透明度属性值为"50%"，如图4.58所示。

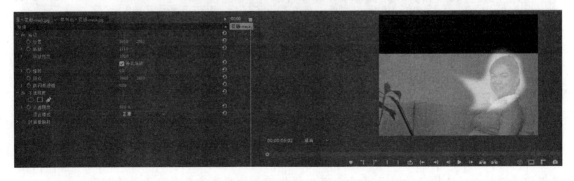

图4.58　调整素材"不透明度"属性值

（8）选中"时间轴"面板中视频"V2"轨道上的"Internet Surfing On Couch.mp4"素材，打开"效果控件"面板，展开"运动"选项，调整素材的"位置"和"缩放"参数，如图4.59所示。

图 4.59　调整素材的"位置"和"缩放"参数

（9）选中"时间轴"面板中视频"V3"轨道上的"花瓣-mask.jpg"素材，打开"效果控件"面板，展开"不透明度"选项，把不透明度的值设置为"100%"，如图4.60所示。

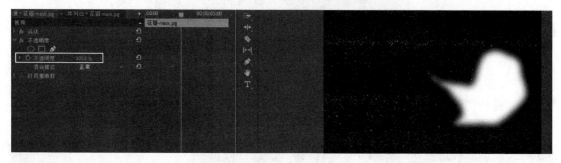

图 4.60　调整不透明度的值

（10）选中"时间轴"面板中视频"V2"轨道上的"Internet Surfing On Couch.mp4"素材，打开"效果控件"面板，添加"轨道遮罩键"特效，设置"遮罩"为视频"V3"，"合成方式"为"亮度遮罩"，如图4.61所示。

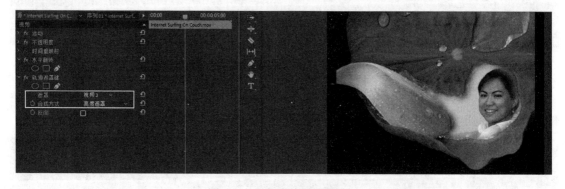

图 4.61　添加"轨道遮罩键"

知识点提示：

轨道遮罩键："遮罩"下拉列表中列出了包含可以用作遮罩素材的视频轨道，从其中选择一项。

合成方式：从"合成方式"下拉列表中选择"Alpha 遮罩"命令，可以根据其 Alpha 通道设置遮罩透明度；选择"Luma"命令，可以根据遮罩的明亮度或亮度设置透明度。

反向：使背景和前景素材的顺序反向。

（11）选中"时间轴"面板中的"Internet Surfing On Couch.mp4"素材，打开"效果控件"面板，展开"运动"选项，激活不透明度属性关键帧秒表，在0秒24帧、2秒19帧、2秒24帧、5秒17帧的位置处设置为100%，在0秒0帧、4秒02帧、6秒12帧处设置为0%，最终效果如图4.62所示。

图4.62 最终效果

（12）将"项目"面板中的"music.wav"素材拖至"时间轴"面板中音频"A1"轨道上，并更改其出点位置为6秒12帧。

本章小结

本章先对关键帧动画进行了原理上的阐述，然后通过两个案例讲解了关键帧动画的应用技巧。将常用特效的知识点融入案例中，通过案例介绍了常用特效的用法，这些案例的难度由低到高，综合性由弱到强，便于读者理解与消化，做到学以致用。

课后拓展练习

图文转场制作思路：①调整图片大小和持续时间；②建立字幕文件；③图片嵌套后应用轨道遮罩键；④制作文字动画（注意控制速度）；⑤应用交叉溶解转场，如图4.63所示。

图文转场微课

图文转场效果

图4.63 图文转场效果

第5章

字幕

字幕是影片的重要组成部分，可以起到提示人物和地点名称的作用，并可以作为片头的标题和片尾的演职表滚动字幕。使用 Premiere Pro CC 2021 的"字幕编辑器"功能可以创建专业级字幕。在字幕编辑器中，可以使用系统中安装的任何字体创建字幕，还可以置入图形或图像作为 LOGO。此外，使用字幕编辑器内置的各种工具可以绘制一些简单的图形。

🔜 教学目标与要点：

❖ 认识字幕编辑器的窗口与界面。
❖ 熟悉字幕编辑器的基本用法。
❖ 掌握常用图形的绘制技巧。
❖ 掌握滚动字幕的设置方法。
❖ 掌握字幕动画的制作技巧。

5.1 创建字幕

5.1.1 创建旧版标题字幕

选择"文件"→"新建"→"旧版标题"命令，在随后弹出的"新建字幕"对话框中设置字幕的规格并输入名称，单击"确定"按钮，即可弹出"字幕编辑器"面板，如图 5.1 与图 5.2 所示。

在"字幕编辑器"面板中，可以使用各种文本工具和绘图工具创建字幕内容。创建完成后，关闭"字幕编辑器"面板，在保存项目的同时，字幕将作为项目的一部分被保存起来，并同其他类型的素材一样出现在"项目"面板中。

图 5.1 "新建字幕"对话框

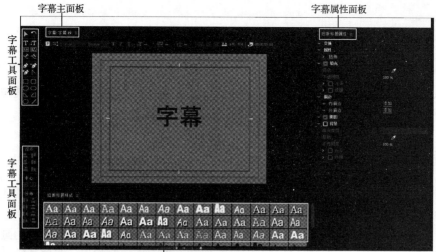

图 5.2 字幕编辑器面板

选择"项目"面板中的"字幕"并双击，再次打开"字幕编辑器"面板，可以对"字幕"进行必要的修改。

在"字幕编辑器"面板的顶部单击新建按钮 ，可以基于当前的字幕创建一个新字幕，并切换到新字幕进行编辑。

知识点提示：

"字幕编辑器"面板的顶部有字幕切换下拉列表，可以对当前编辑字幕进行切换。

选择"文件"→"导出"→"字幕"命令，可以将字幕输出为独立于项目的字幕文件，文件扩展名为".prtl"。可以像导入其他素材一样，随需要导入。

5.1.2 创建图形字幕

选择"工具"面板中的文字工具 ，可直接在画面中创建字幕，此时创建的字幕为图形字幕，可在"图形"面板的"编辑"选项中对该字幕进行基本属性的设置，如图 5.3 所示。

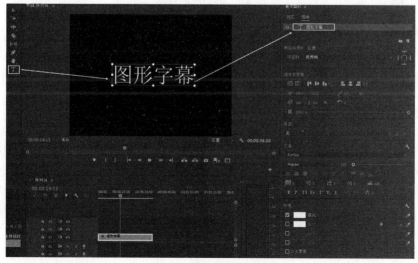

图 5.3 创建图形字幕

5.2 编辑字幕的基本方法

Premiere Pro CC 2021 内置的"字幕编辑器"面板提供了丰富的字幕编辑工具与功能，是当前最好的字幕制作工具之一，可以满足制作各种字幕的需求。

5.2.1 显示字幕背景画面

在"字幕编辑器"面板中，可以把绘制区域显示时间轴上素材的某一帧作为创建叠印字幕的参照，以便精确地调整字幕的位置、色彩、不透明度和阴影等属性。

单击"字幕编辑器"面板上方的显示背景视频按钮 ，时间指针所在当前帧的画面便会出现在面板的绘制区域中，作为背景显示。用鼠标拖动面板上方的时间码，或单击输入的新的时间码，面板中显示的画面会随时间码的变化而显示相应帧，如图 5.4 所示。

图 5.4　显示画面背景

知识点提示：

当移动时间指针使监视器的当前帧发生变化时，绘制区域显示的视频画面会自动与时间指针所在的位置保持一致。

5.2.2 字幕安全区域与动作安全区域

由于电视溢出扫描的技术原因，计算机中有一小部分制作的图像可能在输出到电视时会被删除。字幕安全区域和动作安全区域是信号输出到电视时安全可视的部分，是一种参照。

在"字幕编辑器"面板的绘制区域，内部的白色线框是字幕安全区域，所有的字幕应该放到字幕安全区域内；外部的白色线框是动作安全区域，视频画面中的其他重要元素应该放在其中。制作字幕时，在"字幕编辑器"面板的弹出式菜单中也有相应选项，如图 5.5 所示。

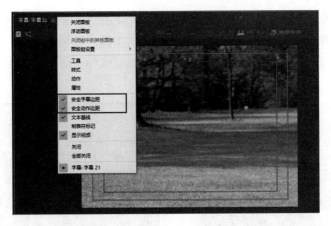

图 5.5 显示"安全字幕边距"与"安全动作边距"

安全区域的设置仅是一种参考,可以根据使用设备的特点更改安全区域的范围。选择"文件"→"项目设置"→"常规"命令,弹出"项目设置"对话框,在"动作与字幕安全区域"中设置新的数值后,单击"确定"按钮,如图 5.6 所示。

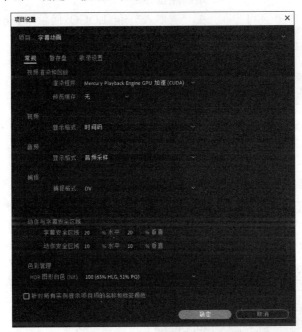

图 5.6 "项目设置"对话框

知识点提示:

如果制作的节目是用于网络发布的视频流媒体或使用数字介质播出的,则无须考虑安全区域,因为输出到此类载体时,不会发生画面残缺的现象。

5.3 滚动字幕与游动字幕

根据滚动的方向不同,滚动字幕分为纵向滚动字幕和横向滚动字幕。

（1）打开"字幕编辑器"面板，单击按钮 ▓，在弹出的"滚动/游动选项"对话框中选中"滚动"单选项，并单击"确定"按钮，即可创建滚动字幕，如果5.7所示。

（2）使用文字工具 ▓ 可输入"演职表"，插入赞助商的LOGO，以及其他相关内容，如图5.8所示。

图5.7　创建滚动字幕

图5.8　输入"演职表"

图5.9　"制表位"对话框

知识点提示：

在"演职表"和LOGO间按"Tab"键，可使用制表符进行排版操作。

（3）为文字设置合适的字体和大小，使用"字幕编辑器"面板上方的文字对齐功能，单击制表符按钮 ▓，弹出"制表位"对话框，对文字和LOGO进行对齐定位，如图5.9所示。

（4）使用"对齐与分布"命令或手动将字幕中的各个元素放置到合适的位置，如图5.10所示。

知识点提示：

此时应显示安全区域，以检测滚动字幕的位置是否合理。

（5）单击"字幕编辑器"面板上方的按钮 ▓，弹出"滚动/游动选项"对话框。在对话框中勾选"开始于屏幕外"和"结束于屏幕外"复选框，使字幕从屏幕外滚动进入，并在结束时完全滚动出屏幕。设置完成后，单击"确定"按钮即可，如图5.11所示。

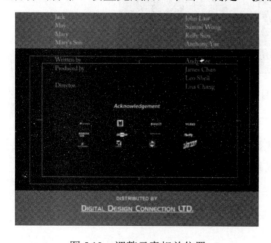

图5.10　调整元素相关位置

图5.11　"滚动/游动选项"对话框

知识点提示：

在"缓入"和"缓出"中分别设置字幕由静止状态加速到正常速度的帧数，以及字幕由正常速度减速到静止状态的帧数，可以达到平滑字幕的运动效果。

（6）将字幕保存后，拖动到"时间轴"面板中的相应位置，预览其播放速度，并调整持续时间，完成最终效果，如图 5.12 所示。

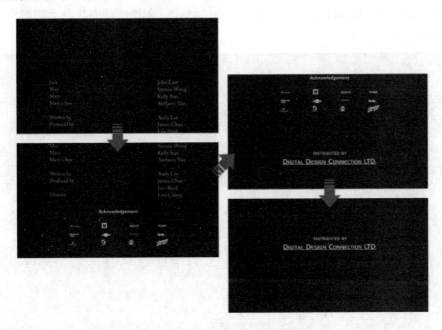

图 5.12　预览效果并做细微调整

5.4　字幕案例

（1）新建项目与序列，在"序列预设"选项卡的"可用预设"列表框中选择"DV-PAL"文件夹下面"标准 48kHz"命令，如图 5.13 所示。

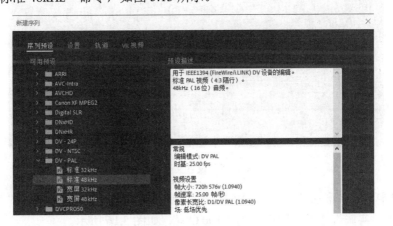

图 5.13　新建序列

字幕案例微课

字幕案例效果

（2）在"项目"面板的空白处双击，导入"素材与效果\第 5 章\字幕动画\素材"的图片素材。

（3）在菜单栏中选择"文件"→"新建"→"旧版标题属性"命令，弹出"新建字幕"对话框，命名为"字幕 01"。在"字幕编辑器"面板中绘制一个矩形，如图 5.14 所示。

（4）选择文字工具，在矩形上方输入"节目预告"4 个字。设置"字体系列"为"微软雅黑"，"字体样式"为"Regular"，"字体大小"为"45.0"，勾选"填充"与"阴影"复项框，如图 5.15 所示。

图 5.14　绘制矩形

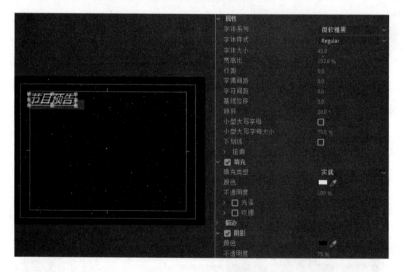

图 5.15　设置文字参数

（5）新建字幕"字幕 02"，输入"NEXT"，并调整相关属性，勾选"填充"复选框，设置"填充类型"为"实底"，"不透明度"为"100.0%"，如图 5.16 所示。

（6）选择楔形工具在画面中绘制一个三角形，并调整它的"扭曲"属性，设置"扭曲"中的"X"为"0.0%"，"Y"为"100.0%"，将"填充"中的"填充类型"设置为"实底"，如图 5.17 所示。

图 5.16　设置字幕属性

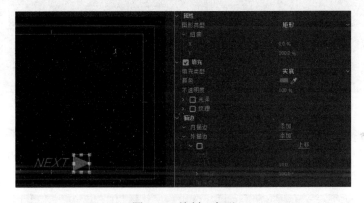

图 5.17　绘制三角形

（7）新建"字幕 03"，在打开的"字幕编辑器"面板中选择椭圆工具，在画面中绘制一个正圆，如图 5.18 所示。

图 5.18　绘制正圆

（8）选择文字工具，在画面中输入"6:05"，勾选"填充"与"阴影"复选框，设置"填充"中的"填充类型"为"实底"，"不透明度"为"100.0%"；设置"阴影"中的"不透明度"为"50%"，"角度"为"-225.0°"，如图 5.19 所示。

图 5.19　输入数字

（9）选择矩形工具，在画面中绘制一个矩形，设置变换中的"X 位置"为"454.8"，"Y 位置"为"179.9"，"宽度"为"221.0"，"高度"为"22.0"，如图 5.20 所示。

图 5.20　绘制矩形

（10）选择文字工具，在矩形上方输入文字"焦点访谈"，并设置"字体系列"为"华文隶书"，"字体样式"为"Regular"，"字体大小"为"38.0"，"方向"为"102.6%"，"字符间距"设置为"9.0"，勾选"填充"与"阴影"复选框，如图 5.21 所示。

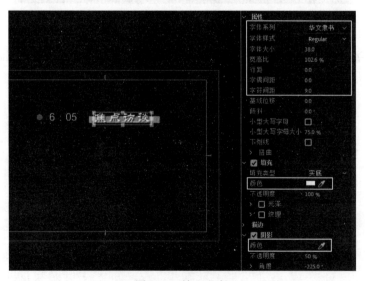

图 5.21　输入文字

（11）框选画面中的所有素材，按住"Alt"键的同时向下拖动，一共复制4组，并分别修改为如图5.22所示的文字内容。

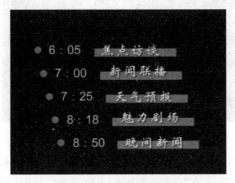

图5.22 复制并修改字幕

（12）在"项目"面板中选中"背景图片.jpg"素材，并拖到"时间轴"面板中的视频"V1"轨道上，设置出点至"7秒21帧"，并为其头部添加"交叉溶解"过渡，如图5.23所示。

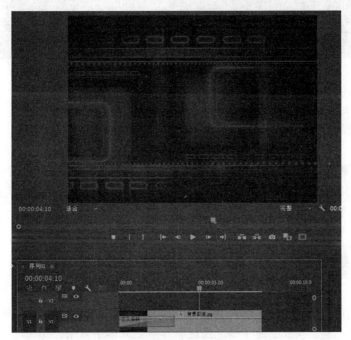

图5.23 导入素材

（13）分别把"项目"面板中的"字幕01""字幕02""字幕03"拖到"时间轴"面板中，分别设置其入点、出点，并适当调整位置，如图5.24和图5.25所示。

图5.24 "时间轴"面板

图 5.25　字幕分布

（14）打开"效果控件"面板，将"划出"过渡添加到"时间轴"面板中"字幕 01""字幕 02"的头部位置，将"渐变擦除"过渡添加到"字幕 03"的头部，如图 5.26 所示。

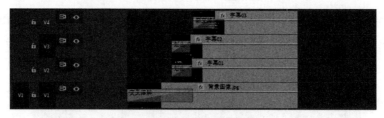

图 5.26　添加"划出"过渡

本章小结

本章先对"字幕编辑器"面板与图形字幕编辑的界面进行了介绍，然后通过案例介绍了"字幕编辑器"面板常用的选项、功能的综合应用，使读者懂得如何运用功能强大的"字幕编辑器"面板来设计字幕、制作字幕动画。

课后拓展练习

倒计时效果制作思路：①通过填充和描边制作立体字效果；②画出立体字后面的直线、圆形等背景；③通过"基于模板创建字幕"快速制作其他立体字效果；④应用"时钟式擦除"过渡实现最后的合成，如图 5.27 所示。

图 5.27　倒计时效果

倒计时效果微课

倒计时效果效果

第6章

音频剪辑

声音在影视后期中是很重要的，通过音频剪辑可以制作出动听的混音效果，本章主要讲解音频的基本概念、基本操作及音频特效的用法。

➔ 教学目标与要点：

❖ 熟悉音频编辑的基本概念。

❖ 掌握声道的基本操作。

❖ 掌握音量调整的方法。

❖ 掌握录音技术。

❖ 掌握常用音频特效的用法。

6.1 音频混合

在 Premiere Pro CC 2021 中，可以编辑音频、施加音效和多轨混音。轨道中可以包含各种声道形式。序列中包含普通音频轨道和子混音轨道。普通音频轨道中含有实际的音频信息，通过子混音轨道进行分组混音，统一调整音频效果。每个序列都包含一个主音频轨道，相当于调音台的主输出，它汇集了所有音频轨道的信号，重新分配输出。

按声道组合形式的不同，音频可以分为单声道、立体声和 5.1 环绕声 3 种类型。无论是普通音频轨道、子混音轨道还是主音频轨道，均可以设置为声道组合形式。音频轨道可以随时增加或删除，但无法改变已经建立的音频轨道的声道数量。素材片段中的音频、音效与音频轨道的类型必须匹配。

在制作影片的音频前，应根据个人技术水平、设备条件及项目的要求，制定一套合理的音频混合流程。在音频混合过程中，可以先分别对轨道和素材进行独立的编辑操作，再将其进行混合输出，完成最终的音频效果。

知识点提示：

普通音频轨道、子混音轨道及主音频轨道是按照轨道在混音流程中的作用划分的，而单声道轨道、立体声轨道和 5.1 环绕声轨道是按照轨道的声道组合形式划分的。轨道和声道是两个不同的概念，操作时应注意体会。

6.1.1 "音频剪辑混合器"面板

除使用"时间轴"面板编辑与调整素材外，Premiere Pro CC 2021 还提供了强大的"音频剪辑混合器"面板，以便对多轨音频进行实时混合。该面板可分为轨道区域、控制区域和播放区域，如图 6.1 所示。

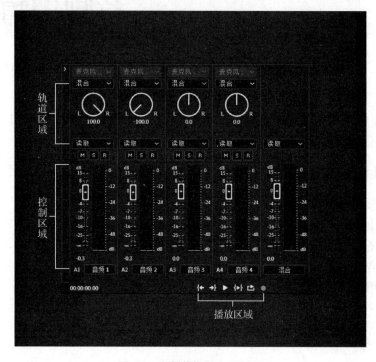

图 6.1　音频剪辑混合器面板

"音频剪辑混合器"面板的轨道区域用于显示时间码和轨道名称，还可以用于设置效果和发送等。

默认状态下，"音频剪辑混合器"面板的控制区域中显示所有音频轨道和主控轨道的音量滑块和 UV 标尺，以调节音量，并监视输出信号的强弱。此外，还可以在此区域中进行声相平衡控制，以及设置输入和输出轨道等选项。

"音频剪辑混合器"面板底部的播放区域用于音频合成过程中控制预览播放，与"节目"面板中的各个按钮功能相同，且除录音按钮外，全部可以联动。

在"音频剪辑混合器"面板中，可以边监听音频、监视视频，边调节设置。每个音频剪辑混合器中的轨道与"时间轴"面板当前序列中的音频轨道是一一对应的。在"音频剪辑混合器"面板的顶部，每个音频轨道都显示名称或类别，可以双击普通音频轨道的名称，输入新的名称，完成重新命名。还可以使用"音频剪辑混合器"面板将音频直接录制到序列轨道上。

6.1.2　查看音频波形

在 Premiere Pro CC 2021 中，可以在编辑混合音频时查看音频波形作为参考。波形反映的是声音振幅的变化，波形越宽的部分，音频的音量越大。在"时间轴"面板和"源"面板中均可以查看音频素材或视频素材中音频部分的波形。

在"时间轴"面板控制区域中，单击时间轴旁边的设置按钮，在弹出式菜单中选择"显示音频波形"命令，如图 6.2 所示。

如果想更为精确直观地预览波形，则可以使用"源"面板。在"项目"面板或"时间轴"面板中双击音频素材，并在"源"面板中将其打开，可以显示音频波形。如果是视频素材，则在"源"面板中将其打开，并在弹出式菜单中选择"音频波形"命令，显示视频素材音频部分的波形；如果选择"显示音频时间单位"命令，则在标尺上显示音频时间单位，如图 6.3 所示。

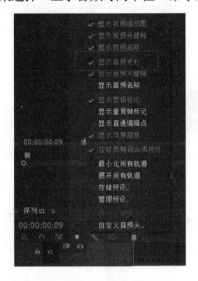
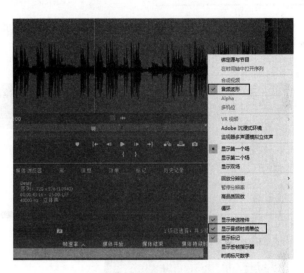

图 6.2　设置"显示音频波形"　　　　　　图 6.3　查看"音频波形"

6.1.3　声道映射

在添加素材到序列或在"源"面板中进行预览时，可以自由定义素材片段中音频映射到通道和音频轨道的方式。使用源声道映射功能，可以在"项目"面板中对素材片段施加映射，以对多个素材片段施加此功能。

在"项目"面板中选择一个或多个声道格式相同且包含音频的素材片段并右键单击，在弹出的快捷菜单中选择"修改"→"音频声道"命令，弹出"修改素材"对话框。在"音频声道"下拉列表中选择一种要映射的轨道格式，如单声道、立体声和 5.1 环绕声，如图 6.4 所示。

图 6.4　"修改素材"对话框

单击窗口下方的"播放"按钮，可以对所选轨道进行播放预览，单击"确定"按钮，即可对素材声道进行映射。

6.1.4　声道转换

在进行音频混合前，有时需要对素材进行声音转换，将其转换为所需的声道组合形式。

如果需要对一个多声道素材片段的每个声道进行单独编辑操作，则可以对其进行声道分离，可以将"项目"面板中选中的多声道素材片段的每个声道转换为一个单声道素材片段。立体声会被一分为二，5.1 环绕声则被分为 6 个素材片段。如果源素材片段为包含视频和音频的影片素材，则视频会被单独分开。

知识点提示：

素材片段的声道转换仅在"项目"面板中进行，不会影响硬盘中的源文件。

6.1.5　声道操作案例

（1）新建序列，在"序列预设"选项卡的"可用预设"列表框中选择"DV-PAL"文件夹下面的"标准 48kHz"命令，如图 6.5 所示。

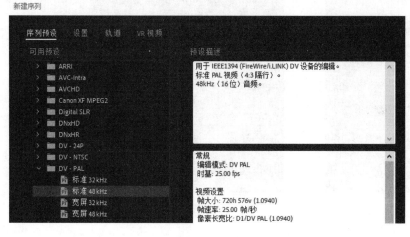

声道操作案例微课

声道操作案例效果

图 6.5　新建序列

（2）在"项目"面板的空白处双击，导入"工程文件与素材\第 6 章\声道操作\素材"中的音频素材，如图 6.6 所示。

（3）在"项目"面板中双击"11.Track 11.wav"音频素材，使其在"源"面板中显示，如图 6.7 所示。选择"剪辑"→"修改"→"音频声道"命令，弹出"修改剪辑"对话框，将"右侧"的源声道设置为"无"（取消勾选"R"相关项），即可把这段立体声音频的右声道设置为静音，如图 6.8 所示，修改后的效果如图 6.9 所示。

（4）在"项目"面板中双击"音频 1_19.wav"素材，使其在"源"面板中显示，如图 6.10 所示。选择"剪辑"→"修改"→"音频声道"命令，弹出"修改剪辑"对话框，将"左侧"的源声道设置为"无"（取消勾选"L"相关项），即可把这段立体声音频的左声道设置为静音，如图 6.11 所示，修改后的效果如图 6.12 所示。

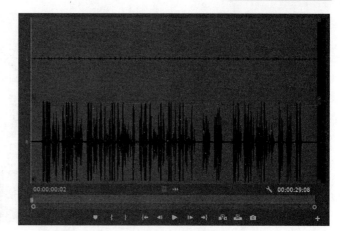

图 6.6 导入案例素材

图 6.7 预览素材

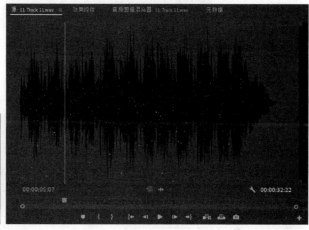

图 6.8 "修改剪辑"对话框

图 6.9 修改后的效果

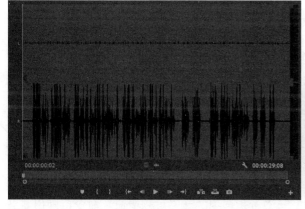

图 6.10 预览素材

图 6.11 修改立体声声道

（5）设置完成后，分别把"项目"面板中的两段音频素材拖至"时间轴"面板中音频轨道上，如图 6.13 所示。

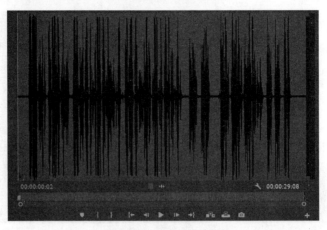

图 6.12　修改后的效果

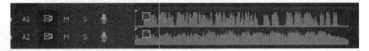

图 6.13　拖入素材

6.2　调节音量与声像平衡

音量和声像平衡是视频、音频文件的两个基本的属性，在音频混合的过程中，经常需要对其进行调节和设置，可以在不同的面板中设置这两个属性。

6.2.1　调节增益和音量

增益通常与素材片段的输入音量有关，而输入音量通常与序列中的素材片段或轨道的输出音量有关。可以通过调节增益和音量的级别随需设置素材片段或轨道的音频信号。在进行数字化采样时，如果素材片段的音频信号设置得太低，那么在调节增益或音量进行放大处理后，会产生很多噪声。因此在进行数字化录音时，应该设置好硬件的输入级别。

可以使用音频增益命令调节所选素材片段音频的增益级别。此命令在"音频剪辑混合器"面板和"时间轴"面板中进行的输出音量设置是相互独立的，但是它的音量会与轨道音量级别一同被整合到最终的混音输出中。

可以在"效果控件"面板或"时间轴"面板中，对序列中的素材片段的音量进行调节。在"效果控件"面板中，设置音量的方法与设置其他效果的方法基本相同；而在"时间轴"面板中，可以更简单地进行设置。

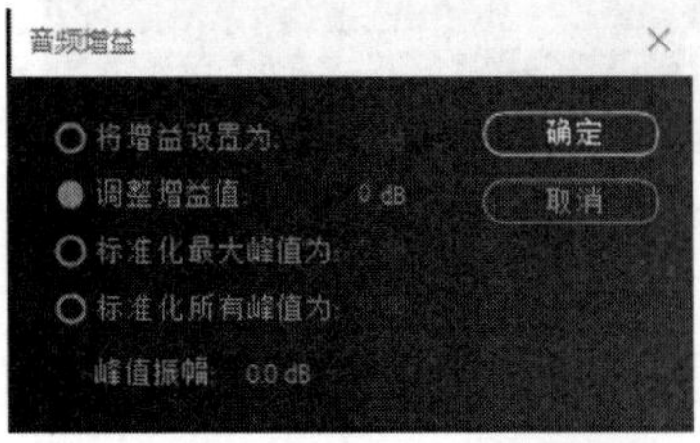

在"项目"面板或"时间轴"面板中选择一个素材片段，选择"剪辑"→"音频选项"→"音频增益"命令，弹出"音频增益"对话框。通过单击激活并输入的方式，调整增益值，如图6.14所示。设置完成后，单击"确定"按钮，即可应用增益设置。

图 6.14　"音频增益"对话框

其中的选项功能如下。

（1）将增益设置为：设置音量的绝对值。

（2）调整增益值：设置音频的相对增益。

（3）标准化最大峰值为：设置最高波峰的绝对值。

（4）标准化所有峰值为：设置匹配所有波峰的绝对值。

展开音频轨道，在控制区域显示关键帧按钮。选择"轨道关键帧"命令，显示轨道音量，可以对轨道的音频级别进行调整。使用"选择工具"或"钢笔工具"对素材片段上或轨道中的横线向上或向下拖动，可以增大或减小音量，如图 6.15 所示。

图 6.15　调节轨道音量

知识点提示：

要使音量随时间变化而变化，可以通过设置关键帧来实现。

除在"时间轴"面板中通过拖动的方式设置音量外，还可以在"效果控件"面板中精确控制音量。在序列中选择要调节音量的素材片段，在"效果控件"面板中，单击"音量"效果左侧的标记，展开其属性设置。通过拖动"级别"属性数值或单击激活并输入新的数值，设置音量的增量；或者拖动其属性滑块，自由调节音量，如图 6.16 所示。

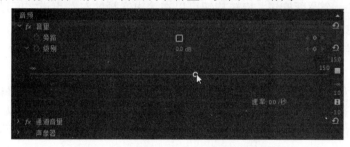

图 6.16　在"效果控件"面板中调节音量

在"音频剪辑混合器"面板中通过拖动音量滑块或设置数值，也可以调节每个轨道的音量级别，如图 6.17 所示。

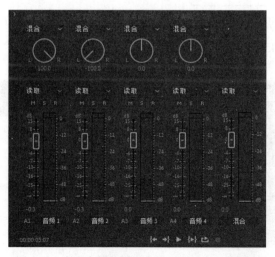

图 6.17　在"音频剪辑混合器"面板中调节音量

6.2.2　声像与平衡

默认状态下，所有的音频轨道都会输出到序列的主控音频轨道上。由于各个轨道可能包含与主控音频轨道数目不同的声道（包括单声道、立体声和 5.1 环绕声），因此在从一个轨道向另一个声道数目不同的轨道进行输出前，必须对声道之间的信号分配进行平衡控制。

声像指音频在声道间的移动。使用声像，可以在多声道音频轨道中对声道进行定位。平衡指在多声道音频轨道之间重新分配声道中的音频信号。

音频轨道中的声道数目和输出轨道声道数目之间的关系决定了能否使用轨道的声像或平衡选项。

（1）当输出一个单声道音轨到一个立体声或 5.1 环绕声音轨时，可以进行声像处理。

（2）当输出一个立体声音轨到一个立体声或 5.1 环绕声音轨时，可以进行平衡处理。

（3）当输出轨道中包含的声道数少于其他音频轨道时，Premiere Pro CC 2021 会将其他轨道中的音频素材进行混音，输出为与输出轨道的声道数相同的声道。

（4）当一个音频轨道和输出轨道均为单声道或 5.1 环绕声轨道时，声像和平衡均不可用，轨道中的声道直接进行匹配。

"音频剪辑混合器"面板提供了声像和平衡控制。当一个单声道或立体声轨道输出到立体声轨道时，会出现一个圆形旋钮，旋转旋钮可以在输出音频的左右声道之间进行声像或平衡控制。当一个单声道或立体声轨道输出到 5.1 环绕声创建的二维音频场时，拖动其中的控制点，可以在 5 个扬声器之间进行声像或平衡控制。

知识点提示：

为了取得最好的声像和平衡调节的监听效果，必须确保计算机声卡的每一路输出都与监听音箱正确连接，且监听音箱的空间位置摆放正确。另外，在"时间轴"面板中，可以进行声像和平衡的调节设置，而且可以通过关键帧控制的方式，使设置效果随时间的变化而变化。但是在"时间轴"面板中的设置方式不如在音频剪辑混合器中直观，故两者经常配合使用，以设置声像和平衡。

6.2.3　声音淡入与淡出案例

（1）新建项目与序列，在"序列预设"选项卡的"可用预设"列表框中选择"DV-PAL"文件夹下面的"标准 48kHz"命令，如图 6.18 所示。

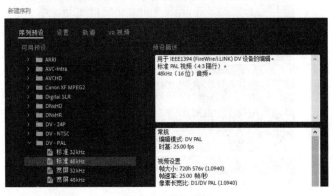

声音淡入与淡出微课

声音淡入与淡出效果

图 6.18　新建序列

（2）在"项目"面板的空白处双击，导入"工程文件与素材\第 6 章\声音淡入与淡出\素材"中的素材，如图 6.19 所示。

图 6.19　导入案例素材

（3）将"项目"面板中的"zxw.wav"素材拖动至"时间轴"面板中的音频"A1"轨道上，如图 6.20 所示。

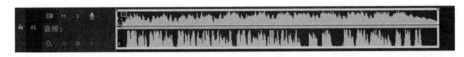

图 6.20　导入音频素材

（4）把时间指针放置在 0 秒 0 帧的位置，选中"时间轴"面板中的音频素材，单击音频轨道中的添加关键帧按钮，为音频素材建立一个关键帧，如图 6.21 所示。用同样的方法，分别在 3 秒 09 帧、24 秒 20 帧和 29 秒 05 帧位置处各添加一个关键帧，如图 6.22 所示。分别向下拖动第一个关键帧和最后一个关键帧，如图 6.23 所示。

图 6.21　建立素材关键帧

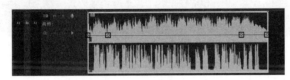

图 6.22　建立关键帧

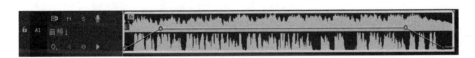

图 6.23　调整关键帧

6.3　录音

在 Premiere Pro CC 2021 中，可以通过麦克风将声音录入计算机，并转化为可以编辑的数字音频，从而完成影片的配音工作。

（1）将麦克风与计算机的音频输入接口连接起来，打开麦克风。

（2）选择"窗口"→"音频剪辑混合器"命令，打开"音频剪辑混合器"面板，单击要进行录音的轨道，启用轨道录音按钮，如图 6.24 所示。

（3）单击录音按钮，并单击播放按钮，如图 6.25 所示，开始录音。

图 6.24　启用录音按钮　　　　　　图 6.25　开始录音

知识点提示：

要在录制过程中预览"时间轴"面板，可以先把时间指针移到配音的起始位置的前几秒处，再开始录音。

（4）录音完成后，单击停止按钮，录制的音频文件以 wav 的格式被保存到硬盘中，并出现在"项目"面板和"时间轴"面板相应的音频轨道上，如图 6.26 所示。

图 6.26　结束录制

知识点提示：

如果是复杂的配音及音频合成工作，则建议在软件 Audition 中进行。

6.4　音频特效

Premiere Pro CC 2021 中内置了大量的 VST 音频插件效果，以修改或提高音频素材的某些属性。除针对立体声设计的左声道、右声道和互换声道效果外，绝大多数效果支持单声道、立体声和 5.1 环绕声，并在"效果控件"面板的音频效果中以此进行分类。施加轨道音效时，也可以为音频轨道施加这些效果，但平衡、静音和音量效果除外，因为轨道的声像和音量可以在"音频剪辑混合器"面板的控制区域中，分别通过声像平衡控制旋钮和音量滑块进行调节。

6.4.1　降噪特效

"自适应降噪"效果可自动检测噪声并进行删除，经常用来消除模拟录音中产生的噪声，如磁带录音，如图 6.27 所示。

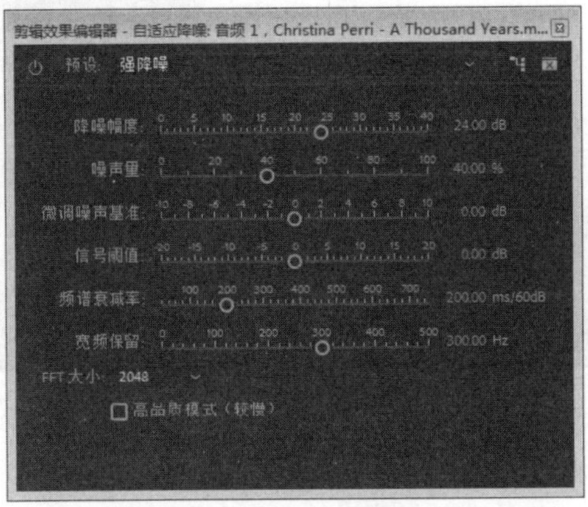

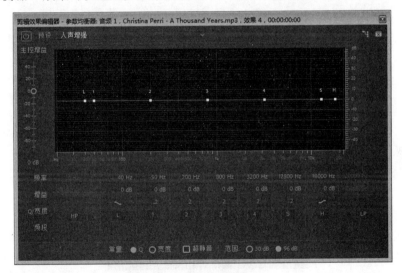

图 6.27 "自适应降噪"窗口

6.4.2 均衡特效

"参数均衡器"效果可以通过多频带控制频率、频带宽度和输出级别，如图 6.28 所示。

图 6.28 "参数均衡器"窗口

6.4.3 延迟特效

1. 延迟

"延迟"特效可以使音频产生相加延迟的奇幻效果，可以设置音频产生回音的时间间隔，如图 6.29 所示。

2. 多功能延迟

"多功能延迟"特效可以通过添加多个短暂的延迟，模拟许多声音或乐器同时发声，从而生成非常丰富饱满的声音，如图 6.30 所示。

图 6.29 延迟   图 6.30 多功能延迟

知识点提示：

级别用于设置回音产生的音量大小。

6.4.4 混响效果

"室内混响"效果可以为音频产生混响，添加环境感，如模拟在房间中产生声音等，如图 6.31 所示。

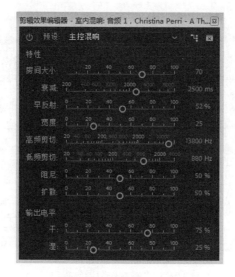

图 6.31 "室内混响"窗口

6.5 音频特效案例

6.5.1 回音效果

延迟特效在影视作品中经常用到，其本质是在保持总音量不变的情况下，复制素材并偏移播放时间。下面利用延迟特效制作回音效果。

（1）在"项目"面板中导入"工程文件与素材\第 6 章\音频特效\Delay.wav"，并拖动至"时间轴"面板中，在"效果"面板中找到"音频效果"→"延迟"特效，如图 6.32 所示。

（2）将"延迟"特效拖动至"Delay.wav"素材上，选中"Delay.wav"素材，在"效果控件"面板中展开"延迟"特效，如图 6.33 所示。

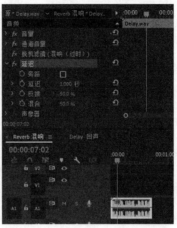

回音效果微课

回音效果效果

图 6.32 "效果"面板　　　　图 6.33 展开"延迟"特效

（3）修改"延迟"特效的参数，设置"延迟"为"0.500 秒"，"反馈"为"50.0%"，"混合"为"30.0%"，如图 6.34 所示。至此，回声效果制作完成。

图 6.34 "延迟"参数的设置

6.5.2 混响效果制作

混响是声音在空间中反弹产生的振荡效果，混响一旦和语音同时录制下来，就无法再分离、清除了，很难再进行调整或加工。下面通过案例来模拟教室或礼堂的空间混响效果。

（1）在"项目"面板中导入"素材与效果\第 6 章\音频特效\Reverb.wav"，在"效果"面板中选择"音频效果"→"室内混响"命令，如图 6.35 所示。

图 6.35 "效果"面板

（2）将"Reverb.wav"素材拖动至"时间轴"面板中，然后将"室内混响"特效拖动至"时间轴"面板中的"Reverb.wav"素材上。选中"Reverb.wav"素材，在"效果控件"面板中，找到"室内混响"→"编辑"特效，打开"剪辑效果编辑器"窗口，如图 6.36 所示。

（3）将预设中的选项设置为"大厅"，如图 6.37 所示，即可模拟大厅的混响效果。

混响效果制作微课

混响效果制作效果

图 6.36　"剪辑效果编辑器"窗口　　　　图 6.37　设置大厅的混响效果

本章小结

　　本章有针对性地对"音频剪辑混合器"面板进行了简要介绍，通过案例对声道操作、音量操作等进行了叙述，还对常用的音频特效进行了解释，最后通过两个案例介绍了影视制作中常用的延迟、混响等特效的用法。

课后拓展练习

　　利用"素材与效果\第 6 章\课后拓展练习-混音制作"中的音频素材，参考"音频特效案例"，合成混音效果。

混音制作微课　　　　混音制作效果

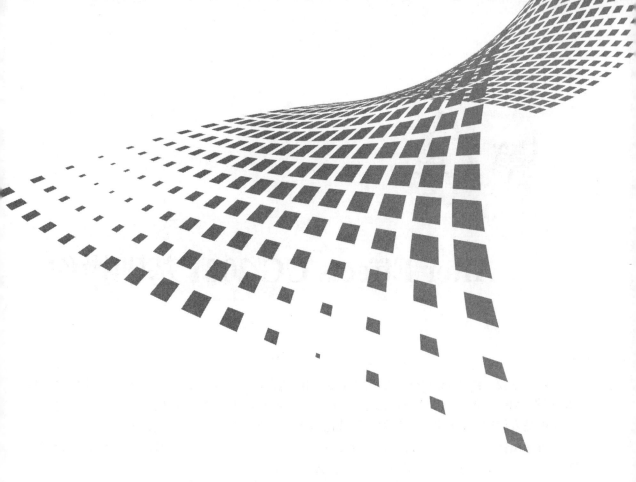

第 3 部分

影视后期合成

第7章

After Effects CC 2021 基础操作

本章主要介绍 After Effects CC 2021 的工作界面和工作区，以及导入素材与渲染输出等基本操作。After Effects CC 2021 是图层软件，几乎所有操作都是在图层基础上进行的，它的主要功能是方便图像处理操作，以及显示或隐藏当前文件中的图像，还可以进行图像透明度、模式设置和图像特殊效果的处理等，使设计者对图像的组合一目了然。本章主要介绍该软件图层的基本操作、基本属性，图层类型和图层混合模式。

⊙ 教学目标与要点：

- ❖ 熟悉工作界面
- ❖ 熟悉工作面板及工具栏
- ❖ 掌握界面的布局与合成操作
- ❖ 熟悉导入素材和渲染输出的方法
- ❖ 理解图层的概念
- ❖ 熟悉图层的基本操作方法
- ❖ 理解图层混合模式的原理

7.1 After Effects CC 2021 的工作界面

Adobe After Effects CC 2021（以下简称 After Effects CC 2021）软件的工作界面采用面板随意组合停靠的模式，为用户操作带来很大的便利。

在 Windows10 操作系统下，选择"开始"→"所有程序"→"Adobe After Effects CC 2021"命令，或在桌面上双击该软件的图标 Ae，即可运行。它的启动界面如图 7.1 所示。

启动 After Effects CC 2021 后，会弹出开始界面，用户可以通过该对话框新建项目、打开项目等，如图 7.2 所示。

图 7.1　Adobe After Effects CC 2021 的启动界面

图 7.2　开始界面

After Effects CC 2021 的默认工作界面主要包括菜单栏、工具栏、"项目"面板、"合成"面板、"图层"面板、"时间轴"面板、"信息"面板、"音频"面板、"预览"面板和"效果和预设"面板，如图 7.3 所示。

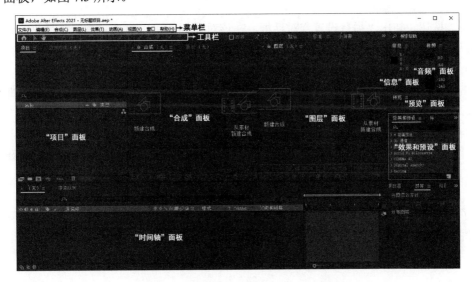

图 7.3　After Effects CC 2021 的工作界面

7.2 After Effects CC 2021 的工作面板及工具栏

在深入学习 After Effects CC 2021 前，我们先要熟悉 After Effects CC 2021 的工作面板及工具栏中的各个工具。

7.2.1 "项目"面板

"项目"面板用于管理导入 After Effects CC 2021 中的各种素材，以及通过 After Effects CC 2021 创建的图层，如图 7.4 所示。

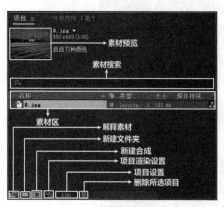

图 7.4 "项目"面板

（1）素材预览

在"项目"面板中选择某一个素材后，都会在预览框中显示当前素材的画面，在预览框右侧会显示当前选中素材的详细资料，包括文件名、文件类型等。

（2）素材搜索

当"项目"面板中存在很多素材时，查找素材的功能就变得很有用了。如在当前查找框内输入"风景"，那么在素材区只显示名字中包含文字"风景"的素材。

（3）素材区

所有导入的素材和在 After Effects CC 2021 中建立的图层都会在这里显示。应该注意的是，合成也会出现在这里，也就是说合成也可以作为素材被其他合成使用。

（4）删除所选项目

使用该按钮删除素材的方法有两种：一种是将想要删除的素材拖曳到这个按钮上，另一种就是选中想要删除的素材，然后单击该按钮。

（5）项目设置

单击该按钮，弹出"项目设置"对话框，在该对话框中可以对项目进行个性化的设置，包括时间码的显示风格、颜色深度、音频的设置等。

（6）项目渲染设置

单击该按钮，弹出"项目渲染设置"对话框，在该对话框中可以对项目渲染的硬件设备进行设置。

（7）新建合成

要开始工作就必须先建立一个合成，合成是开始工作的第一步，所有的操作都是在合成里面进行的。

（8）新建文件夹

为了更方便地找到素材，需要新建文件夹对素材进行分类管理。文件夹可以把相同类型的素材放进一个单独的文件夹里面。

（9）解释素材

当导入一些比较特殊的素材时，如带有 Alpha 通道或序列图片等，需要单独对这些素材进行一些设置。在 After Effects CC 2021 中这种设置被称为解释素材。

知识点提示：

如果删除一个"合成"面板中正在使用的素材，系统会提示该素材正被使用，如图 7.5 所示。单击"删除"按钮将从项目面板中删除素材，同时该素材也将从"合成"面板中删除；单击"取消"按钮，将取消删除该素材文件。

图 7.5　提示对话框

7.2.2　"合成"面板

"合成"面板是查看合成效果的地方，也可以在这里对图层的位置等属性进行调整，以便达到理想的状态，如图 7.6 所示。

图 7.6　"合成"面板

（1）认识"合成"面板中的控制按钮

"合成"面板的底部是一些控制按钮，如图 7.7 所示。下面对其进行介绍。

图 7.7　"合成"面板中的控制按钮

● 放大率弹出式菜单 50% ：单击该按钮，在弹出的下拉列表中可选择素材的显示比例。

知识点提示：

用户也可以通过滚动鼠标中键实现放大或缩小素材的显示比例。

- 选择网格和参考线选项⊡：单击该按钮，在弹出的下拉列表中可以选择要开启或关闭的辅助工具，如图 7.8 所示。

- 切换蒙版和形状路径可见性◻：如果图层中存在路径或遮罩，通过单击该按钮可以选择是否在"合成"面板中显示。

- 当前时间（单击可编辑）0:00:00:00：单击该按钮，可以弹出"转到时间"对话框，在该对话框中输入时间，可快速地到达某个时间点，如图 7.9 所示。

图 7.8 "选择网格和参考线选项"下拉列表　　　图 7.9 "转到时间"对话框

- 拍摄快照▣：当需要在两种效果之间进行对比时，通过快照可以先把前一个效果暂时保存在内存中，再调整下一个效果，最后进行对比。

- 显示快照▣：单击该按钮，After Effects CC 2021 会显示上一次通过快照保存下来的效果，以方便对比效果。

- 显示通道及色彩管理设置▣：单击该按钮，可以在弹出的下拉列表中选择一种模式，如图 7.10 所示，当选择一种通道模式后，将只显示当前通道效果。当选择 Alpha 通道模式时，图像中的透明区域将以黑色显示，不透明区域将以白色显示。

- 分辨率/向下采样系数弹出式菜单 完整 ⌄：单击该按钮，在弹出的下拉列表中选择面板中图像显示的分辨率。其中包括二分之一、三分之一、四分之一等，如图 7.11 所示。分辨率越高，图像越清晰；分辨率越低，图像越模糊，但低分辨率可以减少预览或渲染的时间。

- 目标区域▣：单击该按钮，再拖动鼠标，可以在"合成"面板中绘制一个矩形区域，系统将只显示该区域内的图像内容，如图 7.12 所示。将鼠标指针放在矩形区域边缘，当指针变为▸样式时，拖曳矩形区域可以移动矩形区域的位置。拖曳矩形边缘的控制手柄时，可以缩放矩形区域的大小。使用该功能可以加快预览的速度，在渲染图层时，只有该目标区域内的屏幕进行刷新。

图 7.10 "显示通道及色彩管理设置"下拉列表　　　图 7.11 图像显示分辨率选项图

图 7.12　显示目标区域

- 切换透明网格 ：该按钮控制着"合成"面板中棋盘格透明背景功能的开关。默认状态下，"合成"面板的背景为黑色，激活该按钮后，"合成"面板的背景将被设置为棋盘格透明模式，如图 7.13 所示。

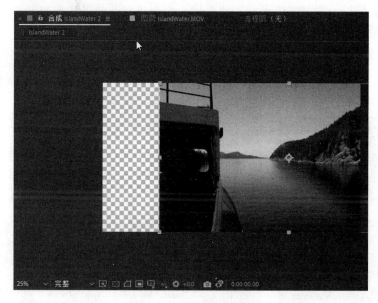

图 7.13　显示透明网格

- 3D 视图 活动摄像机 ：单击该按钮，在弹出的下拉列表中可以选择各种视图模式。这些视图在做三维图层操作时很有用，如图 7.14 所示。
- 选择视图布局 1个_ ：单击该按钮，在弹出的下拉列表中可以选择视图的显示布局，如"1 个视图""2 个视图"等，如图 7.15 所示。
- 快速预览 ：单击该按钮，在弹出的下拉列表中可以选择一种快速预览选项。
- 重置曝光度（仅影响视图）：调整"合成"面板的曝光度。

图 7.14　"3D 视图"下拉列表　　　图 7.15　"选择视图布局"下拉列表

（2）向"合成"面板中加入素材

在"合成"面板中添加素材的方法非常简单，可以在项目面板中选择素材（一个或多个），然后执行下列操作之一。

● 将当前所选定的素材直接拖曳至"合成"面板中。

● 将当前所选定的素材拖曳至"时间轴"面板中。

● 将当前所选定的素材拖曳至"项目"面板中新建合成按钮 的上方，如图 7.16 所示，然后释放鼠标，即可在该素材文件新建一个合成文件并将其添加至"合成"面板中，效果如图 7.17 所示。

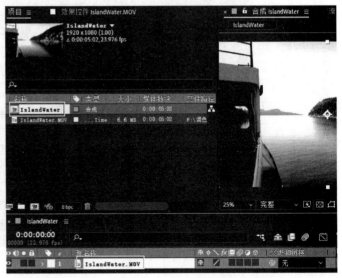

图 7.16　将素材拖至新建合成按钮　　　图 7.17　添加至"合成"面板中后的效果

提示：

当将多个素材一起通过拖曳的方式添加到"合成"面板中时，它们的排列顺序将以"项目"面板中的顺序为准，并且这些素材中也可以包含其他的合成影像。

7.2.3　"图层"面板

只要将素材添加到"合成"面板中，然后在"合成"面板中双击，该素材层就可以在"图层"面板中打开，如图 7.18 所示。

在"图层"面板中可以显示素材在"合成"面板中的遮罩、滤镜效果等设置。在"图层"面板中可以调节素材的切入点和切出点，及其在"合成"面板中的持续时间、遮罩设置、特效控制点等。

图 7.18　"图层"面板

7.2.4　"时间轴"面板

在"时间轴"面板中可新建不同类型的图层、关键帧动画，调整图层特性控制开关，如图 7.19 所示。

图 7.19　"时间轴"面板

7.2.5　"信息"面板

在"信息"面板中以"R""G""B"值记录"合成"面板中的色彩信息，以及以"X""Y"值记录鼠标位置，数值随鼠标在"合成"面板中的位置实时变化。按快捷键"Ctrl+2"即可显示或隐藏"信息"面板，如图 7.20 所示。

图 7.20　"信息"面板

7.2.6 "音频"面板

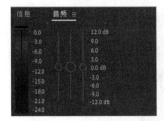

在播放或音频预览过程中，"音频"面板显示音频播放时的音量级。利用该面板，用户可以调整选取层的左、右音量级，并且"时间轴"面板的音频属性（音频电平）可以为音量级设置关键帧。如果"音频"面板是不可见的，可在菜单栏中执行"面板"→"音频"命令，或按快捷键"Ctrl+4"，即可打开"音频"面板，如图7.21所示。

图7.21 "音频"面板

用户可以改变音频层的音量级，以特定的质量进行预览，识别和标记位置。通常情况下，音频层与一般素材层不同，它们包含不同的属性。但是可以用同样的方法修改它们。

7.2.7 "预览"面板

在"预览"面板中提供了一系列预览控制选项，用于播放素材、前进一帧、退后一帧、预演素材等。按快捷键"Ctrl+3"可以显示或隐藏"预览"面板。

单击"预览"面板中的播放/暂停按钮或按空格键，即可一帧一帧地演示合成影像。如果想终止演示，再次按空格键或在本软件中的任意位置单击鼠标即可。"预览"面板如图7.22所示。

提示：

在低分辨率下，合成影像的演示速度比较快。但是，速度的快慢主要取决于用户操作系统的快慢。

7.2.8 "效果和预设"面板

通过"效果和预设"面板可以快速地为图层添加效果。动画预置效果是After Effects CC 2021编辑好的一些动画效果，可以直接应用到图层上，如图7.23所示。

图7.22 "预览"面板　　　　　图7.23 "效果和预设"面板

提示：

1. 搜索区：可以在搜索框中输入某个效果的名字，After Effects CC 2021 会自动搜索出该效果，方便用户快速地找到需要的效果。

2. 创建新动画预设：当用户在合成中调整出一个很好的效果，并且不想每次都重新制作时，便可以把这个效果作为一个动画预置保存下来，以便日后需要时调用。

7.2.9 "流程图"面板

"流程图"面板可以显示项目的流程，在该面板中以方向线的形式显示合成影像的流程。"流程图"面板中合成影像和素材的颜色以它们在"项目"面板中的颜色为准，并且以不同的图标表示不同的素材类型。创建一个合成影像以后，可以利用"流程图"面板观察素材之间的流程。

7.2.10 工具栏

工具栏中罗列了各种常用的工具，单击工具图标即可选中该工具，某些工具右下角的三角形表示还存在其他隐藏工具，将鼠标放在该工具上方按住鼠标左键不动，稍后就会显示其隐藏的工具，然后移动鼠标到所需工具上方释放鼠标左键即可选中该工具，也可通过连续按该工具的快捷键循环选择其中的隐藏工具。使用快捷键"Ctrl+1"可以显示或隐藏工具栏，如图 7.24 所示。

图 7.24 工具栏

- 主页工具：当需要新建项目或者打开已有的项目时，可使用主页工具。
- 选取工具：用于在合成图像和层窗口中选取、移动对象。当针对一个三维图层操作时，在工具栏的右侧会出现以下 3 个坐标模式的图标。

本地轴模式：X轴、Y轴、Z轴坐标值显示物体在视图中的定位。通常使用此模式。

世界轴模式：世界坐标系。

视图轴模式：无论切换到哪种视图，X轴总指向屏幕右侧，Y轴总指向屏幕上方，Z轴垂直屏幕向里。

- 手形工具：当素材或对象被放大至超过窗口的显示范围时，可选择手形工具，按住鼠标拖动即可查看窗口范围以外的素材情况。
- 缩放工具：用来放大或缩小视图。选中缩放工具，按住"Alt"键，放大工具将变成缩小工具。放大的快捷键是"Ctrl+'+'"，缩小的快捷键是"Ctrl+'-'"。
- 绕光标旋转工具：绕光标点移动摄像机；绕场景旋转工具：绕合成中心场景移动摄像机；绕相机信息点旋转工具：绕目标点移动摄像机。
- 在光标下移动工具：平移速度相对于光标点击位置发生改变；平移摄像机 POI 工具：平移速度相对于目标点保持恒定。
- 向光标方向推拉工具：将镜头从合成中心推向光标点击位置；推拉至光标工具：针对光标点击位置推拉撬头；推拉至摄像机 POI 工具：针对摄像机目标点推拉镜头。

- 旋转工具██：用于在合成图像和层窗口中对素材进行旋转操作。
- 轴心点工具██：可以改变对象的轴心点位置。
- 矩形工具██：可以建立矩形遮罩。扩展选项是另外几个形状的遮罩，分别为矩形工具
  ██工具、██工具、██工具、██工具。
- 钢笔工具██：用于为素材添加不规则遮罩。在钢笔工具上按住鼠标左键，会弹出扩展
  项；██工具用于添加锚点；██工具用于减少路径上的锚点；██工具用于改变锚点类型；
  ██用于羽化遮罩的工具。
- 横排文本工具██：为合成图像加入文字层，支持文字的特效制作，在文本工具上按住
  鼠标左键，会弹出扩展项；██工具用于竖排文字。
- 笔刷工具██：双击选择一个图层后，单击该按钮出现笔刷对话框。
- 仿制图章工具██：用来复制素材的像素。
- 橡皮擦工具██：擦去多余的像素。
- Roto 笔刷工具██：用于选择遮罩范围。
- 人偶位置控制点工具██：用来确定人偶动画时的关节点位置。

7.3 界面的布局

在工具栏中单击右侧的按钮██，在弹出的快捷菜单中显示 After Effects CC 2021 预置的几种工作界面方案，如图 7.25 所示。

图 7.25 工作界面方案

主要界面的功能如下。
- "所有面板"：设置此界面后，将显示所有可用的面板。
- "效果"：设置此界面后，将显示"效果控件"面板，如图 7.26 所示。
- "文本"：适用于创建文本效果。
- "标准"：使用标准的界面模式，即默认的界面。
- "浮动面板"：选择"浮动面板"时，"信息"面板、"字符"面板和"音频"面板将独
  立显示，如图 7.27 所示。

图 7.26　"效果控件"面板

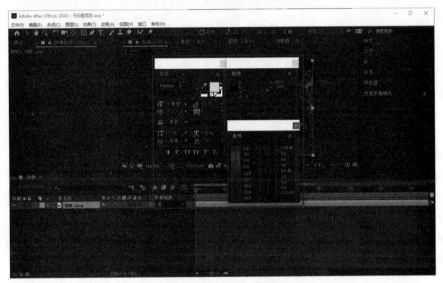

图 7.27　"浮动面板"工作界面

● "简约"：该工作界面包含的界面元素最少，仅有"合成"面板与"时间轴"面板，如图 7.28 所示。

图 7.28　"简约"工作界面

- "绘画"：适用于创作绘画作品。
- "运动跟踪"：该工作界面适用于关键帧的编辑处理。

7.4　合成操作

在一个项目中，合成是架构，是项目文件中的重要部分，要先建立合成才能对图层进行编辑，After Effects CC 2021 的编辑工作都是在合成中进行的。新建一个合成后，会激活该合成的"时间轴"面板，然后在"时间轴"面板中进行编辑工作。

新建合成

在一个项目中要进行操作，首先需要创建合成，其方法如下。

（1）在菜单栏中选择"文件"→"新建"→"新建项目"命令，新建一个项目。

（2）执行下列操作之一。

- 在菜单栏中选择"合成"→"新建合成"命令。
- 单击"项目"面板底部的新建合成按钮 。
- 右击"项目"面板的空白区域，在弹出的快捷菜单中选择"新建合成…"命令，如图 7.29 所示。
- 在"项目"面板中选择目标素材（一个或多个），将其拖曳至新建合成按钮 上释放鼠标进行创建。

（3）执行操作后，在弹出的"合成设置"对话框中可对创建的合成进行设置，如设置持续时间、背景颜色等，如图 7.30 所示。

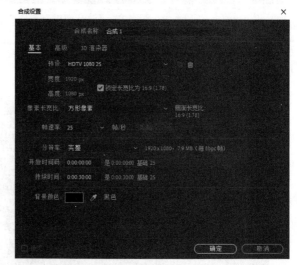

图 7.29　选择"新建合成…"命令　　　　图 7.30　"合成设置"对话框

（4）设置完成后，单击"确定"按钮即可。

提示：

当将素材文件拖曳至新建合成按钮上时，将不会弹出"合成设置"对话框，这是建立合成的快捷方式，新建的合成尺寸、像素长宽比、持续时间等属性会与素材保持一致。

在一个项目中，合成是独立存在的。不过在多个合成之间也存在着引用的关系，一个合成可以像素材文件一样导入另一个合成中，形成合成之间的嵌套关系，如图 7.31 所示。

图 7.31 合成嵌套

合成之间不能相互嵌套，只能是一个合成嵌套另一个合成。

合成的嵌套在后期制作中起着很重要的作用，因为并不是所有的制作都在一个合成中完成，在制作一些复杂的效果时可能用到合成的嵌套。在对多个图层应用相同设置时，可使用合成嵌套，为这些图层所在的合成进行设置，以提高工作效率。

7.5 导入素材

在 After Effects CC 2021 中，不仅能够使用矢量图层制作动画，还拥有丰富的外部素材作为制作视频的基础元素，如视频、音频、图像、序列图片等，所以如何导入不同类型的素材，是制作视频的基础。

7.5.1 导入素材的方法

在进行影片的编辑时，首要任务是将素材导入"项目"面板或相关文件夹中。向"项目"面板中导入素材的方法有以下几种。

（1）执行菜单栏中的"文件"→"导入"→"文件"命令，或按快捷键"Ctrl+I"，在打开的"导入文件"对话框中选择要导入的素材，然后单击"导入"按钮。

（2）在"项目"面板的空白区域右键单击，在弹出的快捷菜单中选择"导入"→"文件"命令，在打开的"导入文件"对话框中选择需要导入的素材，然后单击"导入"按钮。

（3）在"项目"面板的空白区域双击鼠标，在打开的"导入文件"对话框中选择需要导入的素材，然后单击"导入"按钮。

（4）在 Windows 的资源管理器中选择需要导入的文件，然后将其拖曳至"项目"面板中。

7.5.2　导入单个素材文件

在 After Effects CC 2021 中，导入单个素材文件是最基本操作，其操作方法如下。

（1）在"项目"面板的空白区域右键单击，在弹出的快捷菜单中选择"导入"→"文件..."命令，如图 7.32 所示。

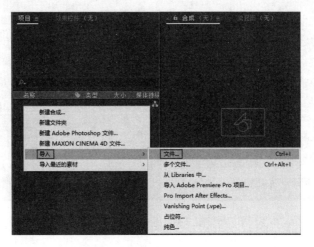

图 7.32　选择"文件..."命令

（2）在弹出的"导入文件"对话框中选择需要导入的素材文件，如图 7.33 所示。单击"导入"按钮，即可导入素材。

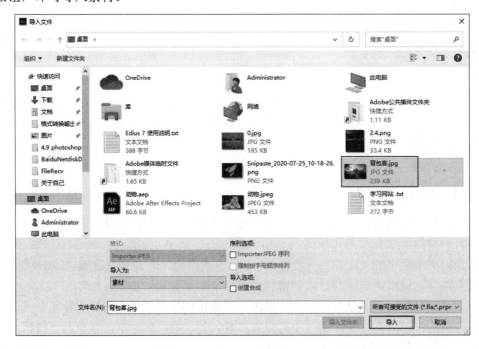

图 7.33　选择素材文件

7.5.3　导入多个素材文件

同时导入多个文件的操作方法如下。

（1）在菜单栏中选择"文件"→"导入"→"文件…"命令，打开"导入文件"对话框。

（2）在该对话框中选择需要导入的素材文件，按住"Ctrl"键或"Shift"键的同时单击要导入的文件，如图7.34所示。

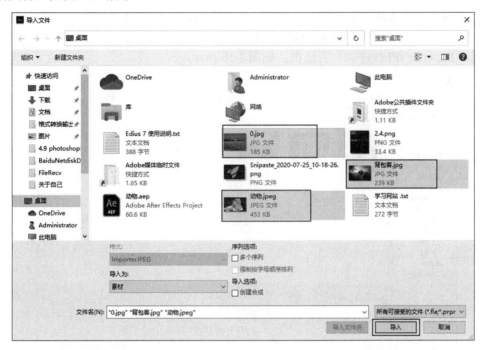

图7.34　选择素材文件

（3）选择完成后，单击"导入"按钮，即可将选中的素材导入"项目"面板中，如图7.35所示。

图7.35　导入多个素材文件

如果要导入的素材全部存在一个文件夹中，可在"导入文件"对话框中选择该文件夹，然后单击"导入文件夹"按钮，将其导入"项目"面板中。

7.5.4 导入序列图片

在使用三维动画软件输出作品时，经常会将其渲染成序列图像文件。序列图像文件是指由若干张按顺序排列的图片组成的一个图片序列，每张图片代表一帧，记录运动的影像。下面将介绍如何导入序列图片，其具体操作步骤如下。

（1）在菜单栏中选择"文件"→"导入"→"文件…"命令，打开"导入文件"对话框。

（2）在该对话框中选择"序列图像"文件夹，在该文件夹中选择序列图片的第一张图片，然后勾选"Importer JPEG 序列"复选框，如图 7.36 所示。

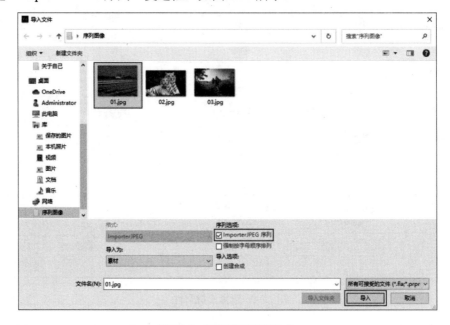

图 7.36　选择序列素材文件

（3）单击"导入"按钮，即可导入序列图片，如图 7.37 所示。

图 7.37　导入序列文件后的效果

（4）在"项目"面板中双击序列文件，在"素材"面板中将其打开，按空格键可进行预览，效果如图7.38所示。

图7.38　预览效果

7.5.5　导入 Photoshop 文件

After Effects CC 2021 与 Photoshop 同为 Adobe 公司开发的软件，两款软件各有所长，且 After Effects CC 2021 对 Photoshop 文件有很好的兼容性。使用 Photoshop 来处理 After Effects CC 2021 所需的静态图像元素，可拓展思路，创作出更好的效果。在将 Photoshop 文件导入 After Effects CC 2021 中时，有多种方法，产生的效果也有所不同。

1. 以合并层方式导入 Photoshop 文件

（1）按快捷键"Ctrl+I"，在弹出的对话框中选择"手足膜.psd"素材文件，如图7.39所示。

图7.39　选择素材文件

（2）单击"导入"按钮，在弹出的对话框中使用其默认参数，如图7.40所示。

图7.40　手足膜.psd对话框

（3）单击"确定"按钮，即可将选中的素材文件导入软件中，如图7.41所示。

图7.41　导入素材文件

2.　导入Photoshop文件中的某一层

（1）按快捷键"Ctrl+I"，在弹出的对话框中继续选中手足膜.psd素材文件，单击"导入"按钮，在弹出的对话框中选中"选择图层"单选按钮，将图层设置为"背景"，如图7.42所示。

（2）设置完成后，单击"确定"按钮，即可导入选中图层，如图7.43所示。

图7.42　选择导入图层

图7.43　导入选中图层

3.　以合成方式导入Photoshop文件

除了上述两种方法外，用户还可以将Photoshop文件以合成文件的方式导入软件中，在导入"手足膜.psd"对话框中将"导入种类"设置为"合成"，如图7.44所示，单击"确定"按钮，完成以合成方式导入 Photoshop 文件。

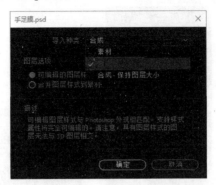

图 7.44　设置导入类型

7.6　整理工程（文件）

在"项目"面板中进行素材导入时，会导入和使用一些重复素材，这时可将导入项目中的素材进行整理，将重复素材进行合并，只保留一个，达到精简的目标。

对于导入后从来没有使用过的素材，软件会自动统计在合成中未使用过的素材文件或文件夹，并进行删除，具体操作步骤如下。

（1）打开项目文件，如图 7.45 所示，在菜单栏中执行"文件"→"整理工程"→"整合所有素材"命令，此时弹出对话框会显示整理素材的结果，单击"确定"按钮，如图 7.46 所示。

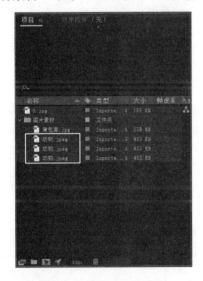

图 7.45　显示有重复素材

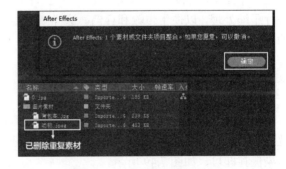

图 7.46　重复素材已被整合

（2）在菜单栏中选择"文件"→"整理工程（文件）"→"删除未用过的素材"命令，如图 7.47 所示。

（3）在打开的对话框中会提醒删除素材的结果，单击"确定"按钮，在返回的"项目"面板中即可查看到"背包客.jpg"已被删除，如图 7.48 所示。

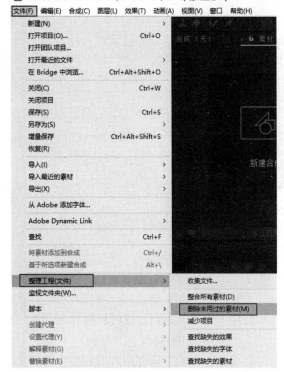 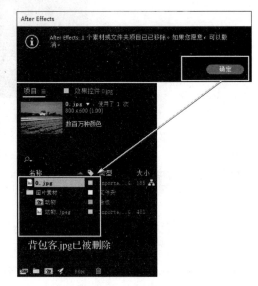

图 7.47　选择"删除未用过的素材"命令　　　图 7.48　整合未用过的素材后的效果

知识点提示："收集文件"可以将项目相关的素材打包，采用相对路径，可以将这个打包文件复制到其他计算机上再次编辑，不会出现素材"丢失"的现象。

7.7　渲染输出

完全不压缩的视频和音频文件是非常庞大的，因此在输出时需要通过特定的压缩技术对文件进行压缩处理，以便于传输和存储。这样就产生了输出时选择恰当的编码器，播放时使用同样的解码器进行解压还原画面的过程。

7.7.1　输出影片的操作

输出影片是后期合成的最后一道工序，影响着影片质量。单击"合成"菜单项，在弹出的下拉菜单中选择"添加到渲染队列"命令，在打开的"渲染队列"对话框中设置参数，最后进行渲染保存即可，如图 7.49 所示。

知识点提示：

除运用"添加到渲染队列"设置参数输出影片外，还可以安装 Adobe Media Encoder 输出影片，安装完成后，单击"合成"菜单项，在弹出的下拉菜单中选择"添加到 Adobe Media Encoder 队列"命令，设置参数即可输出影片。

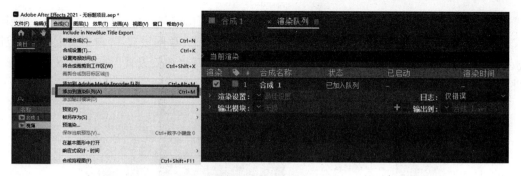

图 7.49　渲染队列

7.7.2　了解影片的输出格式

After Effects CC 2021 输出格式分为三类：纯音频，常用的有 WAV、MP3 等格式；序列帧（只用视频部分），常用的有"TIFF"序列、"PNG"序列等格式；既有音频又有视频，常用的有 MOV（QuickTime）、MP4、WMV、MPG 等格式，如图 7.50 所示。

图 7.50　影片输出格式

7.7.3　渲染的设置

在 After Effects CC 2021 中打开渲染窗口，可以看到其属性和参数设置主要为"渲染进度""输出设置""渲染记录"三个部分，如图 7.51 所示。

图 7.51　渲染窗口

其中，"输出设置"分为"渲染设置""输出模块""日志"和"输出到"4 部分。渲染设置又分为"最佳设置""DV 设置""多机设置""当前设置""草图设置""自定义..."和"创建模板..."7 种类型。一般情况下默认为"最佳设置"，点开"渲染设置"左边的小三角可查看文件的渲染信息，如图 7.52 所示。

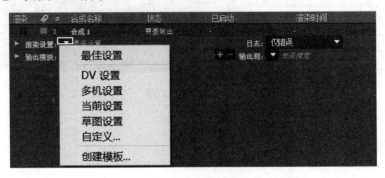

图 7.52　渲染设置信息

选择"最佳设置"命令可打开渲染设置，其主要分为"合成""时间采样"和"选项"3 部分，一般"选项"不会用到。

"合成"主要是对影片的品质、分辨率、大小、磁盘缓存及效果等进行设置，如图 7.53 所示。

"时间采样"主要是对影片的时间跨度、帧速率相关的设置，如图 7.54 所示。

图 7.53　"合成"设置　　　　　　　　　　图 7.54　"时间采样"设置

7.7.4　输出模式的设置

在 Premiere Pro CC 2021 中，对影片输出、单帧输出、内存预览及预渲染分别设置了输出模式，可在下拉菜单中改变这些默认设置。默认情况下为"无损"模式，设置"输出模块"为"无损"，在打开的"输出模块设置"对话框中单击"主要选项"选项卡，即可设置具体参数，如图 7.55 所示。

"主要选项"包括格式、视频输出和音频输出三大部分。视频输出又可分为通道、深度、颜色、调整大小和裁剪五部分。音频输出可分为打开音频输出、自动音频输出和关闭音频输出三部分，其中默认状态为自动音频输出。

1. 格式

格式主要是针对影片的"格式"和"渲染后动作"进行设置。后者指设置渲染后的下一步工作，包括"无""导入""导入和替换用法""设置代理"4 个选项，如图 7.56 所示。

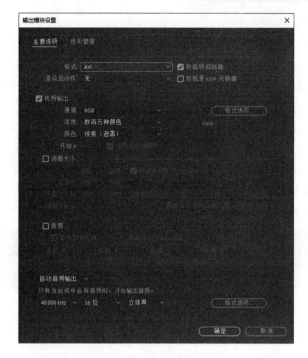

图 7.55　输出模块设置

2. 视频输出

勾选"视频输出"复选框即可设置其通道、深度和颜色，如图 7.57 所示。

图 7.56　"格式"设置

图 7.57　"视频输出"设置

勾选"调整大小"复选框对整片进行调整，设置大小尺寸和品质。勾选"裁剪"复选框对图像进行裁剪，设置需要的视频尺寸，如图 7.58 所示。

图 7.58　"调整大小"设置

3. 音频输出

音频输出主要是对影片的声音进行设置，包含打开音频输出、自动音频输出和关闭音频输出 3 个选项。选择"打开音频输出"命令时，即可输出影片的音频，如果合成中没有音频，将输出静音音频轨道；选择"自动音频输出"命令时，只有当合成中有音频时才会输出音频；选择"关闭音频输出"命令时，则不会输出音频。

After Effects CC 2021 在渲染的同时可以生成一个文本样式（TXT）的日志文件，该文件会记录渲染错误的原因及其他信息，用户可以在渲染信息窗口中看到保存该文件的路径信息。

After Effects CC 2021 可以为同一个合成项目输出多个不同的版本，如同时输出影片和其 Alpha 通道、解析度及尺寸。当需要对合成项目采用多种输出格式时，单击"输出到"前面的加号■便可添加"输出模块"，如图 7.59 所示。

图 7.59　添加"输出模块"

知识延伸：

在许多领域都可以看到 After Effects CC 2021 与 Web 的相互应用。Web 非常流行的一个很重要的原因是它可以在一页上同时显示文本和色彩丰富的图形。在 Web 之前，Internet 上的信息只有文本形式，而 Web 具有将图形、音频、视频信息集合于一体的特性。After Effects CC 2021 则是一款对图形、音频和视频等进行合成处理的应用软件，因此两者之间是密不可分的，如图 7.60 所示。

图 7.60　多种素材合成画面

7.7.5　输出单帧图像

输出单帧图像只要将时间指针移动到需要输出的当前帧，选择"合成"菜单项，在弹出的下拉菜单中选择"帧另存为（S）"命令即可输出该图像的 psd 格式（Photoshop 图层），如图 7.61 所示。选择"文件…"命令可以输出其他图片格式。

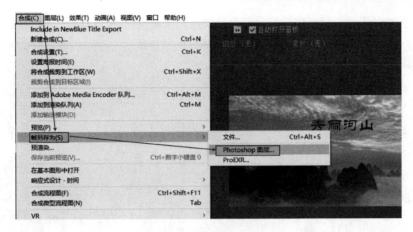

图 7.61　输出单帧图像

7.8　图层基础

7.8.1　了解图层

After Effects CC 2021 引用了 Photoshop 中图层的概念，不仅能导入 Photoshop 的图层文件，还能在合成中创建图层文件。先将素材导入合成中，素材会以图层的形式存在，再将多个图层进行叠加制作便得到最终的合成效果。图层的叠加就像将有透明部分的胶片叠在一起，上层的画面会遮住下层的画面，而上层的透明部分可显示出下层的画面，多层重叠在一起就可以得到完整的画面。

7.8.2　图层的基本操作

图层是 After Effects CC 2021 软件中重要的组成部分，基本上所有的特效和动画效果都是在图层中完成的。图层的基本操作包括创建图层、选择图层、删除图层等，只有掌握这些基本操作，才能制作出更好的影片。

1．创建图层

创建图层只需要将导入"项目"面板中的素材文件拖曳到"时间轴"面板中即可，如图 7.62 所示。如果同时拖曳多个素材到"时间轴"面板中，就可以创建多个图层。

2．选择图层

在"时间轴"面板中直接单击图层的名称，或在"合成窗口"中单击图层中的任意素材图像。如果需要选择多个连续的图层时，可在"时间轴"面板中按住"Shift"键进行选择。除此之外，用户还可以按住"Ctrl"键选择不连续的图层。

如果要选择全部图层，可以在菜单栏中单击"编辑"菜单项，在弹出的下拉菜单中选择"全选"命令，还可以按快捷键"Ctrl+A"选择全部图层。

3．删除图层

选择要删除的图层，然后在菜单栏中单击"编辑"菜单项，在弹出的下拉菜单中选择"清除"

命令，还可以在"时间轴"面板中选择需要删除的层，按键盘上的"Delete"键即可进行删除。

图 7.62　创建图层

4.　复制图层与粘贴图层

若要重复使用相同的素材，可以使用"复制"命令。选择要复制的图层后，单击"编辑"菜单项，在弹出的下拉菜单中选择"复制"命令，或按快捷键"Ctrl+C"进行复制。

在需要的合成中，选择"粘贴"命令，或按快捷键"Ctrl+V"进行粘贴，粘贴的图层将位于当前选择图层的上方。还可以应用"重复"命令复制图层。单击"编辑"菜单项，在弹出的下拉菜单中选择"重复"命令，或按快捷键"Ctrl+D"，可以快速复制一个位于所选图层上方的同名重复层。

7.8.3　图层的管理

在 After Effects CC 2021 中对合成进行操作时，每个导入合成图像的素材都会以图层的形式出现。当制作一个复杂效果时，往往会用到大量的图层，为使制作更顺利，我们需要学会在"时间轴"面板中对图层执行移动、标记、设置属性等管理操作。

1.　调整图层的顺序

新创建的图层一般都位于所有图层的上方，但有时根据场景的安排，需要将图层进行前后移动，这时就要调整图层的顺序。在"时间轴"面板中，通过拖曳可以调整图层的顺序。选择某个图层后，按住鼠标左键将其拖曳到需要的位置，当出现一条蓝线后，释放鼠标即可调整图层的顺序，如图 7.63 所示。

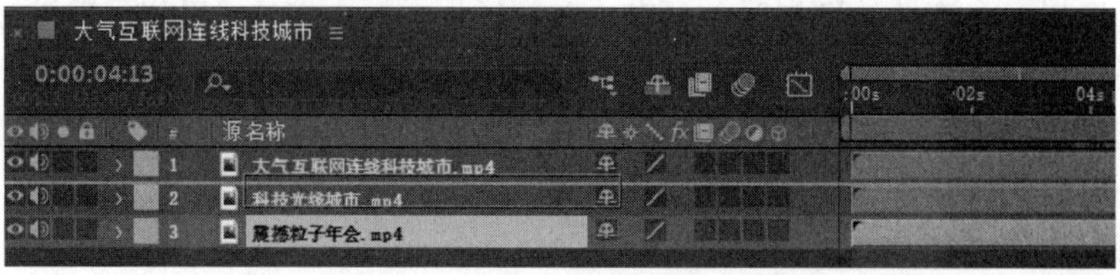

图 7.63　移动图层

除此之外，用户还可以单击"图层"菜单项，在弹出的下拉菜单中选择"排列"命令，在此菜单命令中包含4种移动图层的命令，如图7.64所示。

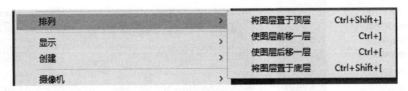

图7.64　"排列"菜单命令

使用快捷键也可对当前选择的图层进行移动。

（1）将图层置于顶层："Ctrl+Shift+]"

（2）使图层前移一层："Ctrl+]"

（3）使图层后移一层："Ctrl+["

（4）将图层置于底层："Ctrl+Shift+["

2. 为图层添加标记

标记功能对于声音来说有着重要的意义，在整个创作过程中，可以快速而准确地了解某个时间点发生了什么。层标记有合成时间标记和图层时间标记两种方式。

（1）合成时间标记

合成时间标记是在"时间轴"面板中显示时间的位置创建的。在"时间轴"面板中，用鼠标左键按住右侧的合成标记素材箱按钮，并向左拖曳至时间轴上，这样，标记就会显示出数字1，如图7.65所示。

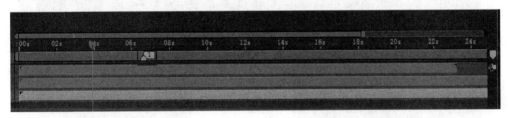

图7.65　标记

如果要删除标记，可以采用以下三种方法。

● 选中创建的标记，然后将其拖曳到创建标记的合成标记素材箱按钮上。

● 在要删除的标记上右击，在弹出的快捷菜单中选择"删除此标记"命令，则会删除选定的标记。如果要删除所有的标记，可在弹出的快捷菜单中选择"删除所有标记"命令，如图7.66所示。

● 按住"Ctrl"键，将鼠标指针放置在需要删除的标记上，当指针变为剪刀的形状时，单击鼠标左键，即可将该标记删除，如图7.67所示。

（2）图层时间标记

图层时间标记是在图层上添加的标记，它在图层上的显示方式为一个小三角形按钮。在图层上添加图层时间标记的方法如下。

选定要添加标记的图层，然后将时间标签移动到需要添加标记的位置，在菜单栏中单击"图层"命令，在弹出的下拉菜单中选择"标记"→"添加标记"命令或按小键盘上的"*"键，即可在该图层上添加标记，如图7.68所示。

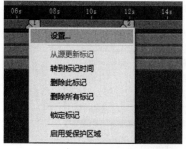

图 7.66　删除标记（1）

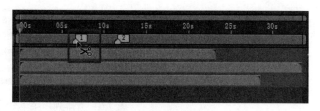

图 7.67　删除标记（2）

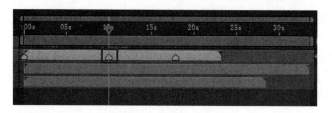

图 7.68　为图层添加标记

　　若要对标记时间进行精确定位，还可以双击图层标记，或在标记上右键单击，在弹出的快捷菜单中选择"设置…"命令，如图 7.69 所示。执行操作后，即可弹出"图层标记"对话框，用户可以在"时间"文本框中输入确切的目标时间，以更精确地修改图层标记时间的位置。

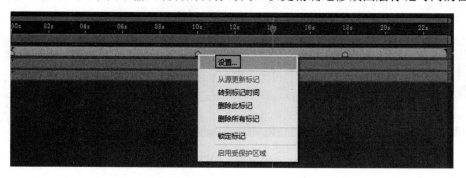

图 7.69　选择"设置…"命令

　　另外，可以给标记添加注释以更好地识别各个标记。双击标记图标，弹出"图层标记"对话框，在"注释"文本框中输入需要说明的文字，如图 7.70 所示，单击"确定"按钮，即可为该标记添加注释。如果用户想要锁定标记，可在需要锁定的标记图标上右击，在弹出的快捷菜单中选择"锁定标记"命令。锁定标记后不能再对其进行设置、删除等操作。

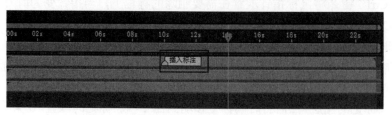

图 7.70　添加注释

3. 显示/隐藏图层

在制作过程中为方便观察下面的图层，通常要将上面的图层隐藏。下面就介绍几种不同情况的图层隐藏方式。

（1）当用户想要暂时取消一个图层在"合成"面板中的显示时，可在"时间轴"面板中单击该图层前面的视频按钮 ，该图标消失，在"合成"面板中该图层就不会显示，再次单击，该图标显示，图层就会在"合成"面板中显示，如图7.71所示。

图7.71　在"合成"面板中显示/隐藏图层

若将"时间轴"面板中不需要的图层隐藏，单击要隐藏图层的消隐按钮 ，按钮图标会转换为 。然后，单击隐藏按钮 ，这样图层将在"时间轴"面板中隐藏，如图7.72所示。

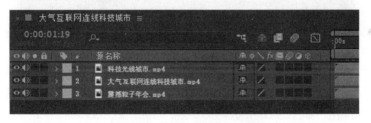

图7.72　在"时间轴"面板中隐藏图层

（2）当需要单独显示一个图层，而将其他图层全部隐藏时，在"独奏"栏下相应的位置单击，出现 图标。这时会发现"合成"面板中的其他图层已全部隐藏，如图7.73所示。

图7.73　单独显示图层

提示：

在使用"独奏"方法隐藏其他图层时，摄像机层和照明层不会被隐藏。

4. 重命名图层

在制作合成过程中，对图层进行复制或分割等操作后，会产生名称相同或相近的图层。为方便区分这些重名的图层，用户可对图层进行重命名。

在"时间轴"面板中选择一个图层，按"Enter"键，使图层的名称处于可编辑状态，如图7.74所示。输入一个新的名称，再次按"Enter"键，完成重命名。也可以右击要重命名的图层名称，在弹出的快捷菜单中选择"重命名"命令，即可对图层重命名。

图 7.74　重命名图层

提示：

在"时间轴"面板中为素材重命名时，改变的是素材的图层名称，原素材的名称并未改变。单击图层名称上方的名称，可使图层名称在"源名称"与"图层名称"之间切换，如图7.75所示。

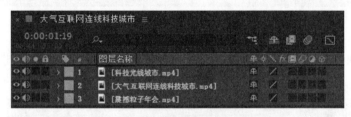

图 7.75　名称切换

5. 锁定图层

为了防止图层被编辑，可以选择要锁定的层，打开🔒图标。可以有效地避免在制作过程中对图层产生的错误操作，如图7.76所示。

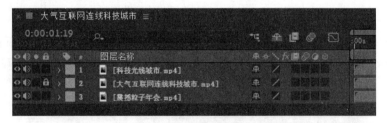

图 7.76　锁定图层

6. 分割图层

与一些非线性编辑软件不同的是，After Effects CC 2021在分割图层时不会放在同一个轨道中，而是在对这个图层创建副本的同时，重新设置源图层和新图层的出入点。分割图层具体操作步骤如下。

（1）将时间指针移至需要分割的图层时间点处，如图7.77所示。

图7.77　选中要分割的图层并定位时间指示线

（2）按快捷键"Ctrl+Shift+D"将图层分割开（也可以选择"编辑"→"拆分图层"命令），如图7.78所示。

图7.78　拆分图层

提示：

同时选择需要分割的多个图层，确定分割位置并执行分割操作，即可将选择的多个图层在某一位置同时分割。

7．预合成

如果要对合成中已存在的某些图层进行分组，可以预合成这些图层。预合成图层会将这些图层放置在新合成中，这将替换原始合成中的图层。

预合成可用于管理和组织复杂合成，可以创建包含多个图层的合成，在总合成中嵌套该合成，对预合成进行动画制作、应用效果，将同步应用于预合成中的所有图层；可以在原始合成中构建动画，然后根据需要将该合成多次拖动到其他合成中；除包含图层的属性之外，预合成还拥有自己的属性，当对预合成进行更改时，这些更改将影响使用预合成图层的每个合成，正如对源素材项目所做的更改将影响使用源素材项目的每个合成一样。

在"时间轴"面板中选中需要预合成的图层，在菜单中选择"图层"→"预合成"或者按快捷键"Ctrl+Shift+C"命令即可打开预合成面板，如图7.79所示。

提示：

（1）保留其中的所有属性

保留原始合成中预合成图层的属性与关键帧，这些属性与关键帧应用于"预合成"图层，新合成的帧大小与所选图层的大小相同。当选择多个图层、文本图层或形状图层时，此选项不可用。

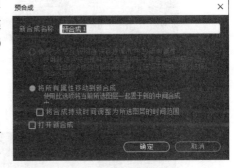

图7.79　预合成

（2）将所有属性移动到新合成

将要预合成的所有图层属性、关键帧、特效等打包到预合成里，在使用此选项中"预合成"图层属性的更改也将应用于预合成中的各个图层，新合成的帧大小与原始合成的帧大小相同。

7.8.4　图层的混合模式

在 After Effects CC 2021 中进行合成制作时，面对众多的图层，图层间可以通过切换层模式来控制上层与下层的融合效果，下面介绍图层混合模式的类型。

- "正常"：当透明度设置为 100% 时，此合成模式将根据 Alpha 通道正常显示当前层，并且此层的显示不受其他层的影响；当透明度设置为小于 100% 时，当前图层每一个像素点的颜色都将受到其他图层的影响。图 7.80 所示为不透明度为 40% 时的效果。

图 7.80　"正常"混合模式

- "溶解"：选择"溶解"混合模式并降低当前图层的不透明度时，可以使半透明区域上的像素离散，产生点状颗粒，如图 7.81 所示。

图 7.81　"溶解"混合模式

- "动态抖动溶解"：该混合模式与"溶解"混合模式的原理相同，唯一不同的是该混合模式可以随着时间而变化。透明度参数不同时的效果，如图 7.82 所示。

图 7.82　"动态抖动溶解"混合模式

- "变暗"：该混合模式用于查看每个颜色通道中的颜色信息，并选择原色或混合色中较暗的颜色作为结果色，比混合色亮的像素将被替换，而比混合色暗的像素保持不变，如图7.83所示。

图7.83　"变暗"混合模式

- "相乘"：该混合模式为一种减色模式，将底色与层颜色相乘，就好像光线透过两张叠加在一起的幻灯片，会呈现出一种较暗的效果。任何颜色与黑色相乘都产生黑色，与白色相乘则保持不变。当透明度由小到大变化时会产生如图7.84所示的效果。

图7.84　"相乘"混合模式

- "颜色加深"：该混合模式可以让底层的颜色变暗，有点类似于"相乘"混合模式，但不同的是，它会根据叠加的像素颜色相应地增加底层的对比度，和白色混合时没有效果。当透明度由大到小变化时会产生如图7.85所示的效果。

图7.85　"颜色加深"混合模式

- "经典颜色加深"：该混合模式通过增加对比度，使基色变暗以反映混合色，优于"颜色加深"混合模式。当不透明为50%时会产生如图7.86所示的效果。

● "线性加深"：在该混合模式下，可以查看每个通道中的颜色信息，并减小亮度使当前层变暗以反映下一层的颜色。下一层与当前层上的白色混合后将不会产生变化，与黑色混合后将显示黑色。当不透明度为50%时会产生如图7.87所示的效果。

图7.86 "经典颜色加深"混合模式　　　　　　　　图7.87 "线性加深"混合模式

● "较深的颜色"：该混合模式用于显示两个图层色彩暗的部分，如图7.88所示。
● "相加"：该混合模式将基色与层颜色相加，得到更明亮的颜色。层颜色为纯黑或基色为纯白时，都不会发生变化，如图7.89所示。

图7.88 "较深的颜色"混合模式　　　　　　　　图7.89 "相加"混合模式

● "变亮"：该混合模式与"较深的颜色"混合模式相反。使用该混合模式时，比较相互混合的像素亮度，选择混合颜色中较亮的像素保留起来，而其他较暗的像素则被替代。透明度不同时的效果如图7.90所示。

图7.90 "变亮"混合模式

- "屏幕"：该混合模式可制作出与"相乘"混合模式相反的效果。在图像中，白色的部分在结果中仍是白色，黑色的部分在结果中显示为另一幅图像相同位置的部分，效果如图7.91所示。
- "颜色减淡"：该混合模式会减小对比度使基色变亮以反映混合色。如果混合色为黑色则不产生变化，画面整体变亮，如图7.92所示。

　　　　图7.91　"屏幕"混合模式　　　　　　　　　　图7.92　"颜色减淡"混合模式

- "经典颜色减淡"：该混合模式会减小对比度使基色变亮以反映混合色，优于"颜色减淡"混合模式。不透明度为70%时的效果如图7.93所示。
- "线性减淡"：该混合模式用于查看每个通道中的颜色信息，并通过增加亮度使基色变亮以反映混合色。与黑色混合后不发生变化。不透明度为40%时的效果如图7.94所示。

　　　　图7.93　"经典颜色减淡"混合模式　　　　　图7.94　"线性减淡"混合模式

- "较浅的颜色"：该混合模式用于显示两个图层中亮度较大的色彩，如图7.95所示。
- "叠加"：复合或过滤颜色，具体取决于基色。颜色在现有像素上叠加，同时保留基色的明暗对比。不替换基色，但基色与混合色相混以反映原色的亮度或暗度。该混合模式对于中间色调影响较明显，对于高亮度区域和暗调区域影响不大。不透明度为50%时的效果如图7.96所示。
- "柔光"：使颜色变亮或变暗，具体取决于混合色。如果混合色比50%灰色亮，则图像变亮，就像被减淡了一样。如果混合色比50%灰色暗，则图像变暗，就像被加深了一样。用纯黑色或纯白色绘画会产生明显较暗或较亮的区域，但不会产生纯黑色或纯白色，如图7.97所示。

图 7.95 "较浅的颜色" 混合模式　　　　　　　图 7.96 "叠加" 混合模式

● "强光"：模拟强光照射，复合或过滤颜色，具体取决于混合色。如果混合色比 50%灰色亮，则图像变亮，就像过滤后的效果。这对于向图像中添加高光非常有用。如果混合色比 50%灰色暗，则图像变暗，就像复合后的效果。这对于向图像添加暗调非常有用。用纯黑色或纯白色绘画会产生纯黑色或纯白色，如图 7.98 所示。

图 7.97 "柔光" 混合模式　　　　　　　图 7.98 "强光" 混合模式

● "线性光"：通过减小或增加亮度来加深或减淡颜色，具体取决于混合色。透明度不同时的效果如图 7.99 所示。

图 7.99 "线性光" 混合模式

● "亮光"：该混合模式通过减小或增加对比度来加深或减淡颜色，具体取决于混合色。如果混合色比 50%的灰色亮，则减小对比度来使图像变亮；如果混合色比 50%的灰色暗，则增加对比度来使图像变暗。透明度不同时的效果如图 7.100 所示。

图 7.100 "亮光"混合模式

● "点光"：通过增加或减小对比度来加深或减淡颜色，具体取决于混合色。不透明度为80%时的效果如图 7.101 所示。

● "纯色混合"：该混合模式产生一种强烈的色彩混合效果，图层中亮度区域颜色变得更亮，暗调区域颜色变得更深。不透明度为30%时的效果如图 7.102 所示。

图 7.101 "点光"混合模式　　　　　　　　图 7.102 "纯色混合"混合模式

● "差值"：从基色中减去混合色，或从混合色中减去基色，具体取决于亮度值大的颜色。与白色混合基色值会反转，与黑色混合不会产生变化。不透明度为 30%时的效果如图 7.103 所示。

● "经典差值"：从基色中减去混合色，或从混合色中减去基色，优于"插值"混合模式。不透明度为30%时的效果如图 7.104 所示。

图 7.103 "差值"混合模式　　　　　　　　图 7.104 "经典差值"混合模式

● "排除"：该混合模式与"差值"混合模式相似，但对比度要更低一些。不透明度为50%时的效果如图 7.105 所示。

● "相减"：对黑色、灰色部分进行加深，完全覆盖白色。不透明度为 30%时的效果如图 7.106 所示。

图 7.105 "排除"混合模式　　　　　　图 7.106 "相减"混合模式

● "相除"：用白色覆盖黑色，把灰度部分的亮度相应提高。不透明度为 70%时的效果如图 7.107 所示。
● "色相"：用基色的亮度、饱和度，以及混合色的色相创建结果色，效果如图 7.108 所示。

图 7.107 "相除"混合模式　　　　　　图 7.108 "色相"混合模式

● "饱和度"：该混合模式用基色的亮度和色相，以及层颜色的饱和度创建结果色。如果底色为灰度区域，用此混合模式不会引起变化。不透明度为 60%时的效果如图 7.109 所示。
● "颜色"：用基色的亮度，以及混合色的色相和饱和度创建结果色，保留了图像中的灰阶，可用于单色图像上色和彩色图像上色。不透明度为 90%时的效果如图 7.110 所示。
● "发光度"：用基色的色相和饱和度，以及混合色的亮度创建结果色。透明度不同时的效果如图 7.111 所示。
● "模板 Alpha"：该混合模式可以使模板层的 Alpha 通道影响下方的层。图层含有透明度信息，当应用"模板 Alpha"混合模式后，其下方的图层也具有了相同的透明度信息，效果如图 7.112 所示。
● "模板亮度"：该混合模式通过模板层的像素亮度显示多个层。使用该混合模式，层中较暗的像素比较亮的像素更透明，效果如图 7.113 所示。

图 7.109 "饱和度"混合模式

图 7.110 "颜色"混合模式

图 7.111 "发光度"混合模式

图 7.112 "模板 Alpha"混合模式

图 7.113 "模板亮度"混合模式

- "轮廓 Alpha"：下层图像将根据模板层的 Alpha 通道生成图像的显示范围。不透明度为 30%时的效果如图 7.114 所示。
- "轮廓亮度"：在该混合模式下，层中较亮的像素会比较暗的像素透明。不透明度为 70% 时的效果如图 7.115 所示。
- "Alpha 添加"：底层与目标层的 Alpha 通道共同建立一个无痕迹的透明区域。透明度为 70%时的效果如图 7.116 所示。
- "冷光预乘"：该混合模式可以将层的透明区域像素和底层作用，使 Alpha 通道具有边缘透镜和光亮效果。透明度为 30%时的效果如图 7.117 所示。

图 7.114 "轮廓 Alpha"混合模式

图 7.115 "轮廓亮度"混合模式

图 7.116 "Alpha 添加"混合模式

图 7.117 "冷光预乘"混合模式

提示：

图层混合模式不能设置关键帧动画。如果需要在某个时间上改变图层混合模式，则需要在该时间点将层分割，对分割后的层应用新的混合模式。

7.8.5 图层的基本属性

在"时间轴"面板中，每个图层都有相同的基本属性设置，在"时间轴"面板中的"变换"组下，可看到图层的属性，如图 7.118 所示。不同类型的图层，它们的属性大致相同，具体如下。

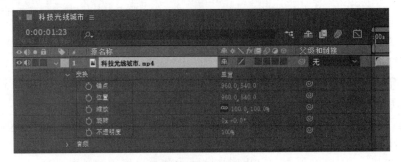

图 7.118 图层的属性

- "锚点"：设置锚点的位置。锚点控制图层的旋转或移动中心。快捷键为"A"。
- "位置"：设置图层的位置。快捷键为"P"。

- “缩放”：设置图层的比例大小。快捷键为“S”。
- “旋转”：设置图层的旋转。快捷键为“R”。
- “不透明度”：设置图层的透明度。快捷键为“T”。

7.8.6　图层的类型

在 After Effects CC 2021 中可以创建不同类型的图层。对于不同类型的图层，其作用也不同。在“时间轴”面板的空白处右键单击，在弹出的快捷菜单中选择“新建”命令，在弹出的下一级快捷菜单中，将显示可以创建的图层类型，如图 7.119 所示。下面将对这些图层类型进行介绍。

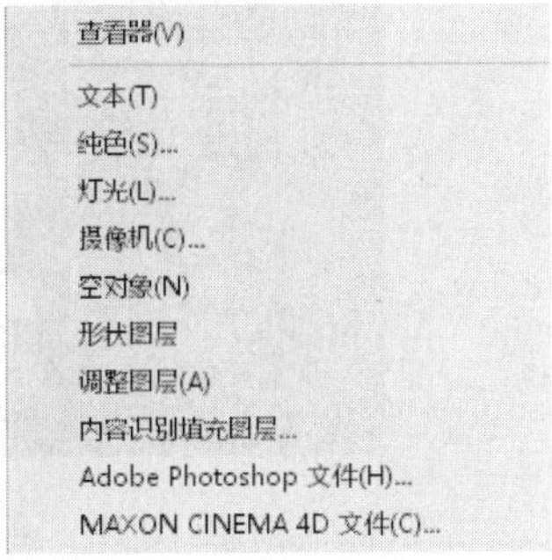

查看器(V)
文本(T)
纯色(S)...
灯光(L)...
摄像机(C)...
空对象(N)
形状图层
调整图层(A)
内容识别填充图层...
Adobe Photoshop 文件(H)...
MAXON CINEMA 4D 文件(C)...

图 7.119　图层的类型

1. 文本

文本层主要用于输入文本和设置文本动画效果，在“字符”面板和“段落”面板中可以对文本的字体、大小、颜色和对齐方式等属性进行设置，如图 7.120 所示。在“时间轴”面板的空白处右键单击，在弹出的快捷菜单中选择“新建”→“文本”命令，即可创建文本层。

向日葵
字符
段落
效果和预设
华文行楷
144 像素
15 像素
-75
像素
100 %
100 %
0 像素
0 %
连字
印地语数字

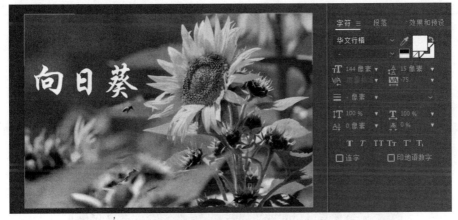

图 7.120　“字符”面板和“段落”面板

2. 纯色

纯色层是一个单一颜色的静态层，主要用于制作蒙版、添加特效或合成的动态背景。在“时间轴”面板的空白处右键单击，在弹出的快捷菜单中选择“新建”→“纯色”命令，将弹出“纯色设置”对话框，在此对话框中可以对以下参数进行设置，如图 7.121 所示。

3. 灯光

在制作三维合成时，为增强合成的视觉效果，需要创建灯光来添加照明效果，这时需要创建灯光层。在“时间轴”面板的空白处右键单击，在弹出的快捷菜单中选择“新建”→“灯光”命令，将弹出“灯光设置”对话框，在此对话框中可以对其参数进行设置，如图 7.122 所示。

提示：灯光层只能用于 3D 图层，在使用时需要将要照射的图层转换为 3D 图层。选择要转换的图层，在菜单栏中选择“图层”→“3D 图层”命令，即可将图层转换为 3D 图层，或者直接打开三维图层开关。

图 7.121 "纯色设置"对话框

图 7.122 "灯光设置"对话框

4. 摄像机

为了更好地控制三维合成的最终视图，需要创建摄像机层。通过对摄像机层的参数进行设置可以改变摄像机的视角。在"时间轴"面板的空白处右键单击，在弹出的快捷菜单中选择"新建"→"摄像机"命令，即可打开"摄像机设置"对话框，如图 7.123 所示。

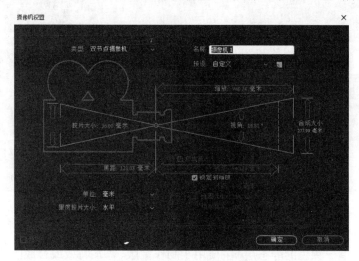

图 7.123 "摄像机设置"对话框

5. 空对象

空对象层可用于辅助动画制作，也可以在其上进行效果和动画设置，但不能在最终效果中显示。将其他图层与空对象层进行连接，当改变空对象层时，其链接的所有子对象也将随之变化。在"时间轴"面板空白处右键单击，在弹出的快捷菜单中选择"新建"→"空对象"命令，即可创建空对象层。

6. 形状图层

形状图层用于绘制矢量图形和制作动画效果，能够快速绘制其预设形状，也可以使用工具栏中的钢笔工具 ✏️ 绘制形状。在"时间轴"面板的空白处右键单击，在弹出的快捷菜单中选择"新建"→"形状图层"命令，即可创建形状图层。在形状图层中添加一些特殊效果可以增强形状效果。

7．调整图层

调整图层用于对其下面所有图层进行效果调整。当该层应用某种效果时，只影响其下所有图层，并不影响其上的图层。在"时间轴"面板的空白处右键单击，在弹出的快捷菜单中选择"新建"→"调整图层"命令，即可创建"调整图层"层，如图 7.124 所示。

图 7.124　创建"调整图层"层

8．内容识别填充图层

从视频中移除不想要的对象或区域，这项工作以前既烦琐又很耗费时间。After Effects CC 2021 新增的"内容识别填充图层"功能，只需几个简单的步骤，即可轻松移除任何不想要的对象，例如视频中的话筒、电线杆和人等。

9．Adobe Photoshop 文件

在创建合成的过程中，若需要使用 Adobe Photoshop 编辑图文件，可以在"时间轴"面板的空白处右键单击，在弹出的快捷菜单中选择"新建"→"Adobe Photoshop 文件"命令将弹出"另存为"对话框。选择文件的保存位置后，单击"保存"按钮，系统将自动打开 Adobe Photoshop 软件，这样就可以编辑图片，并在"时间轴"面板中创建 Adobe Photoshop 文件图层。

10．MAMON CINEMA 4D 文件

After Effects CC 2021 新增加了对 MAMON CINEMA 4D 文件的支持。若要创建 MAMON CINEMA 4D 文件，可以在"时间轴"面板的空白处右键单击，在弹出的快捷菜单中选择"新建"→"MAMON CINEMA 4D 文件"命令，将弹出"新建 MAMON CINEMA 4D 文件"对话框。选择文件的保存位置后，系统将自动打开 MAMON CINEMA 4D 软件，这样就可以编辑图像，并在"时间轴"面板中创建 MAMON CINEMA 4D 文件图层。

7.8.7　图层的栏目属性

在"时间轴"面板中，图层的栏目属性有多种分类，在属性栏上右键单击，在弹出的菜单中选择"列数"命令，在其子菜单中可选择要显示的专栏，如图 7.125 所示。名称前有"√"标志的是已打开的专栏。列数的主要内容如下。

1．A/V 功能

"A/V 功能"栏中的工具按钮主要用于设置层的显示和锁

图 7.125　显示栏目

定，其中包括视频、音频、独奏和锁定等工具按钮。

视频 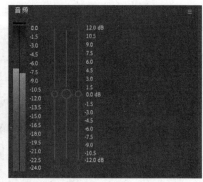：控制图层内容在合成预览窗口的显示与隐藏。

音频 ：该按钮仅在有音频的层中出现，打开或关闭该图层的音频输出。在"时间轴"面板中放置一个音频层，按小键盘上的"."（小数点）键监听其声音，并在"音频"面板中查看其音量指示，如图 7.126 所示。

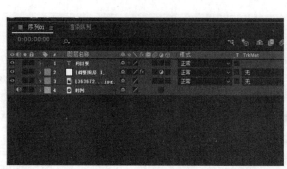

图 7.126　预览音频和查看音量指示

如果单击"音频"层前面的音频按钮，将其关闭，则预览时将没有声音，同时也看不到音频指示，如图 7.127 所示。

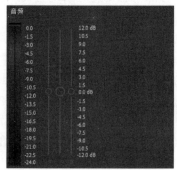

图 7.127　关闭音频

独奏 ：如果想单独显示某一图层，就单击这一层的独奏按钮，合成预览窗口中将只显示这一层。

锁定 ：可以防止图层被编辑，选择要锁定的层，单击 图标。这就有效地避免了在制作过程中可能对图层产生的错误操作。

2. 标签、#和源名称

标签、#和源名称都是显示层的相关信息，如标签显示层在"时间轴"面板中的颜色，#显示层的序号，源名称则显示层的名称。

标签 ：在"时间轴"面板中，可使用不同颜色的标签来区分不同类型的层。不同类型的层都有默认的颜色，如图 7.128 所示。用户也可以自定义标签的颜色，在标签的色块上单击，在弹出的菜单中可选择系统预置的标签颜色。如图 7.129 所示为不同层的标签颜色。

：显示图层序号。图层的序号由上至下从 1 开始递增。图层的序号只代表该层当前位于第几层，与图层的内容无关。图层的顺序改变后，序号由上至下递增的顺序不变。

图 7.128　不同的标签颜色

图 7.129　不同的标签颜色

"源名称"：显示层的来源名称，源名称图标与图层名称图标之间可互相转换。单击其中的一个时，当前图标会转换成另一个。源名称用于显示图片和音乐素材图层原来的名称；图层名称用于显示图层新的名称，如图 7.130 所示。如果在图层名称状态下，素材图层没有经过重命名，则会在图层原名称上添加"]"标记。

图 7.130　源名称和图层名称

3. 开关

开关栏中的工具按钮主要用于设置层的效果，各个工具按钮的功能如下。

消隐 ：隐藏"时间轴"面板中的层。这个按钮需要和"时间轴"面板上方的 按钮配合使用，可以将一些不用设置的图层在"时间轴"面板中暂时隐藏，有针对性地对重点层进行操作。使用方法分为两步，先在"时间轴"中选择暂时不做处理、可以隐藏的图层，单击 按钮，使其变为 ，然后单击"时间轴"面板上方的 按钮，将所有标记有 图标的层设置隐藏。如果想要将设置隐藏的层显示出来，可再次单击 按钮，隐藏的层就会显示出来。

折叠变换连续栅格化 ：当图层为合成图层时，该按钮起着折叠变化的作用；对于矢量图层，则起着连续栅格化的作用。 按钮主要针对导入的矢量图层、相关制作的图层和嵌套的合成层等。例如，导入一个 EPS 格式的矢量图，并将其"缩放"参数调大，如图 7.131 所示。放大后的矢量图形有些模糊，单击该图层的 按钮，图像会变清晰，如图 7.132 所示。

提示：对于以线条为基础的矢量图形，其优势是即使无限放大也不会变形，只是在细节上矢量图没有以像素为基础的位图细腻了。

图 7.131　矢量图

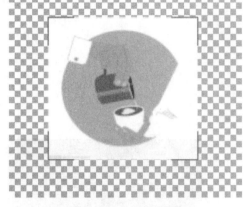

图 7.132　图像变清晰

品质 ：用于设置图层在"合成"面板中显示画面效果的品质。 按钮是以较好的质量显示图层效果； 按钮是以差一些的草稿质量显示图层效果； 按钮是双立方采样，在某些情况下，使用此采样可明显获得更好的结果，但速度更慢。选择"图层"→"品质"→"线框"命令，可显示线框图，在"时间轴"面板的图层上会出现按钮 。

效果 ：用于打开或关闭图层上的所有特效应用。单击 按钮，该图标会隐藏，同时关闭相应图层中特效的应用。再次单击显示该图标，同时打开相应图层中的特效应用。

帧混合 ：该按钮能够使帧的内容混合。当将某段视频素材的速度调慢时，需将同样数量的帧画面分配到更长的时间段播放，这时帧画面的数量会不够，产生画面抖动的现象。帧混合能够对抖动模糊的画面进行平滑处理，对缺少的画面进行补充，使视频画面清晰，提高视频的质量。

动态模糊 ：用于设置画面的运动模糊效果，可模拟快门状态。

4．模式

模式用于设置层之间的叠加效果，不同的模式可产生不同的效果。

保留基础透明度 ：可以将当前层的下一层的图像作为当前层的 Alpha 遮罩。导入两个素材图片，在底层图片添加椭圆形蒙版后，在"保留基础透明度"栏下，打开上面的图层 图标，其效果如图 7.133 所示。

图 7.133　遮罩显示图片

轨道遮罩 ：在 After Effects CC 2021 中可以使用轨道遮罩功能，通过一个遮罩层的 Alpha 通道或亮度值定义其他层的透明区域。其遮罩方式分为"Alpha 遮罩""Alpha 反转遮罩""亮度遮罩"和"亮度反转遮罩"4 种。

"Alpha 遮罩"：在下层图层使用该项可将上层图层的 Alpha 通道作为透明蒙版，同时上层图层的显示状态也被关闭，如图 7.134 所示。

图 7.134　设置"Alpha 遮罩"参数

"Alpha 反转遮罩"：使用该项就可反转"Alpha 遮罩"的透明区域，如图 7.135 所示。

图 7.135　设置"Alpha 反转遮罩"参数

"亮度遮罩"：使用该项可通过亮度来设置透明区域，如图 7.136 所示。

图 7.136　设置"亮度遮罩"参数

"亮度反转遮罩"：使用该项就可反转亮度蒙版的透明区域，如图 7.137 所示

图 7.137　设置"亮度反转遮罩"参数

7.8.8　父子关系

父级功能可以使一个子级层继承另一个父级层的属性，当父级层的属性改变时，子级层的属性也会发生相应的变化。当在"时间轴"面板中有多个层时，选择一个图层，单击"父级和链接"栏下该图层的"无"下拉列表，在弹出的菜单中选择一个图层作为该图层的父层，如图 7.138 所示。选择一个层作为父层后，在"父级和链接"栏下会显示该父层的名称，如图 7.139 所示。

图 7.138　选择父层

图 7.139　选择父层后的效果

使用 按钮也可设置图层间的父子层关系。选中图层作为子层，单击该层"父级和链接"栏下的 按钮，按住移动鼠标，拖出一条连线，然后移动到作为父级层的图层上，如图 7.140 所示。松开鼠标后，两个图层就建立起了父子关系。

图 7.140　使用连线建立父子层

提示：当两个图层建立父子层关系后，子层的透明度属性不受父层透明度属性的影响。

7.8.9　时间轴控制

在 After Effects CC 2021 中，所有的动画都是基于时间轴进行设置的，对关键帧进行设置，在不同的时间，物体的属性将会发生变化，通过改变物体的形态或状态实现动画效果。在"时间轴"面板底部单击 按钮打开控制时间的各个参数栏，在此设置参数可以对各个图层的时间进行控制。

1. 使用入点和出点

使用入点和出点可以方便地控制层播放的开始时间和结束时间，以及改变素材片段的播放速度和伸缩值。在"时间轴"面板中选择素材图层，将时间轴拖曳到某个时间位置，按住"Ctrl"键的同时，单击入点或出点的数值，即可设置素材层播放的开始时间和结束时间，持续时间和伸缩的数值也将随之改变，如图 7.141 所示。

图 7.141　设置入点和出点的参数

2. 伸缩时间

在"时间轴"面板中选择素材层，单击伸缩栏下的数值，或在菜单栏中选择"图层"→"时间"→"时间伸缩"命令，在弹出的"时间伸缩"对话框中，对"拉伸因数"或"新持续时间"参数进行设置，可以设置延长时间或缩短时间，如图 7.142 所示。

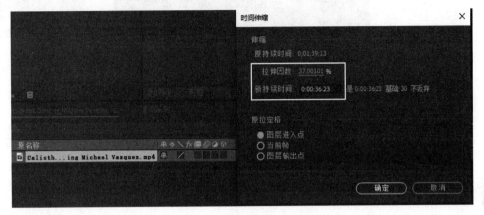

图 7.142　"时间伸缩"对话框

3. 冻结帧

在"时间轴"面板中选择视频素材层，将时间滑块放在需要停止的时间位置上，在菜单栏中选择"图层"→"时间"→"冻结帧"命令。执行操作后，画面将停止在时间滑块所在的位置，并在图层中添加"时间重映射"属性，如图 7.143 所示。

图 7.143　添加冻结帧

本章小结

熟悉 After Effects CC 2021 工作环境，掌握导入素材与渲染输出的方法是进行特效制作的前提和基础。在 Premiere CC 2021 中所有操作都是基于轨道，而在 After Effects CC 2021 中的操作是基于层。层和层之间相互独立，每个层都不受其他层的影响，可以通过图层混合模式控制上层和下层的融合效果。

课后拓展练习

导入"工程文件与素材\第 7 章\触屏效果"中的素材，通过图层基础操作制作触屏效果，如图 7.144 所示。

触屏效果微课

触屏效果效果

图 7.144　触屏效果

第8章

创建和编辑关键帧动画

本章详细介绍关键帧在视频动画中的创建、编辑和应用，以及与关键帧动画相关的动画控制功能。关键帧部分会介绍关键帧的设置、选择、移动和删除。

➡ 教学目标与要点：

❖ 理解关键帧动画的原理
❖ 熟悉关键帧的基本操作
❖ 掌握图表编辑器的用法

8.1 关键帧的概念

After Effects CC 2021 通过关键帧创建和控制动画，即在不同的时间点设置不同的对象属性，其中时间点间的变化由计算机来完成。

当对某一图层的某个参数设置关键帧时，表示该层的这个参数在当前时间有了一个固定值，而在另一个时间点设置了不同的参数后，在这段时间中，该参数的值就会由前一个关键帧向后一个关键帧变化。After Effects CC 2021 会通过计算自动生成两个关键帧在参数变化时的过渡画面，当这些画面连续播放时，就形成了动画。

在 After Effects CC 2021 中，关键帧的创建是在"时间轴"面板中完成的，本质上就是为层的属性设置动画。在可以设置关键帧属性的效果和参数左侧都有一个码表按钮 ⏱，单击该按钮，⏱图标变为 ⏱，这样就打开了关键帧记录，并在当前的时间位置设置一个关键帧，如图 8.1 所示。

图 8.1　创建关键帧

将时间指针移至一个新的时间位置，对设置关键帧属性的参数进行修改，即可在当前的时间位置自动生成一个关键帧，如图8.2所示。

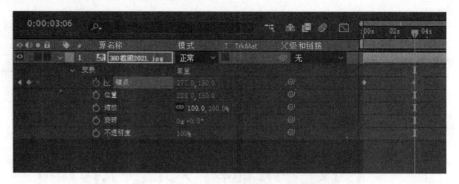

图8.2　添加关键帧（1）

如果在一个新的时间位置，设置一个与前一关键帧参数相同的关键帧，可直接单击关键帧导航 中的在当前时间添加或移除关键帧按钮 ，当 按钮转换为 时，即可创建关键帧，如图8.3所示。其中 表示跳转到上一帧， 表示跳转到下一帧。当关键帧导航显示为 时，表示当前关键帧左侧有关键帧；当关键帧导航显示为 时，表示当前关键帧右侧有关键帧；当关键帧导航显示为 时，表示当前关键帧左侧和右侧都有关键帧。

图8.3　添加关键帧（2）

在"效果控件"面板中，也可以为特效设置关键帧。单击参数前的 按钮，就可以创建一处关键帧。只要在不同的时间点改变参数，就可添加一处关键帧。添加的关键帧会在"时间轴"面板中该层特效的相应位置显示出来，如图8.4所示。

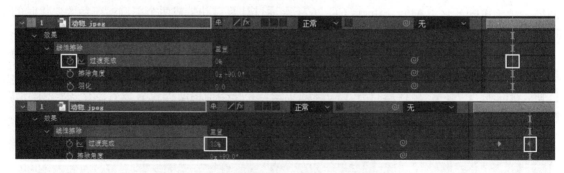

图8.4　在"效果控件"面板中设置关键帧

8.2　创建关键帧

在 After Effects CC 2021 中对图层位置、比例、旋转、透明度等参数进行设置，以及在相应的时间点建立关键帧可以制作简单的动画。单击"时间轴"面板中素材名称左边的小三角，可以打开各属性的参数控制，如图 8.5 所示。

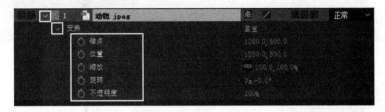

图 8.5　属性参数

● 单击参数值，可以将该参数值激活，如图 8.6 所示。在激活的输入区域输入所需的数值，然后单击"时间轴"面板的空白区域或按"Enter"键确认。

图 8.6　激活参数值

● 将鼠标指针放置在参数值上，当指针变为双向箭头时，按住鼠标左键拖曳，如图 8.7 所示。向左拖曳减小参数值，向右拖曳增大参数值。

图 8.7　调节参数值

● 在属性名称上右键单击，在弹出的菜单中选择"编辑值…"命令，或在参数值上右键单击，从中选择"编辑值…"命令，打开相应的参数设置对话框。如图 8.8 所示为锚点参数设置对话框，在该对话框中输入所需的数值，选择单位后，单击"确定"按钮进行调整。

图 8.8 编辑参数

8.3　编辑关键帧

在制作过程中的任何时间，用户都可以对关键帧进行修改参数、移动、复制等操作。

8.3.1　选择关键帧

可以采用多种方法选择关键帧。

● 在"时间轴"面板中单击要选择的关键帧，关键帧图标变为 状态表示已被选中。

● 如果要选择多个关键帧，按住"Shift"键单击要选择的关键帧即可。也可用鼠标对关键帧进行框选，如图 8.9 所示。

图 8.9 框选关键帧

● 单击层的一个属性名称，可将该属性的关键帧全部选中，如图 8.10 所示。

图 8.10 选择一个属性的全部关键帧

8.3.2 移动关键帧

- 移动单个关键帧：选中需要移动的关键帧，用鼠标拖曳至目标位置即可，如图 8.11 所示。

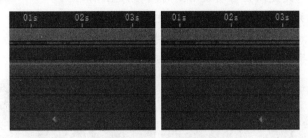

图 8.11 移动单个关键帧

- 移动多个关键帧：框选或者按住"Shift"键选择需要移动的多个关键帧，然后拖曳至目标位置即可，如图 8.12 所示。

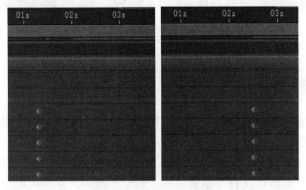

图 8.12 移动多个关键帧

- 为了将关键帧精确地移动到目标位置，通常会先移动时间指针的位置，借助时间指针来精确移动关键帧。精确移动时间指针的方法如下。

（1）先将时间指针移至大致的位置，然后按快捷键"Page Up"（向前）或"Page Down"（向后）逐帧调整。

（2）单击"时间轴"面板左上角的当前时间框，此时当前时间变为可编辑状态，如图 8.13 所示。在其中输入精确的时间，然后按"Enter"确认，即可将时间指针移至指定位置。

图 8.13 编辑时间

提示： 按快捷键 "Home" 或 "End"，可将时间指针快速移至时间的开始处或结束处。根据时间指针移动关键帧的方法如下。

（1）先将时间指针移至要放置关键帧的位置，然后单击关键帧并按住 "Shift" 键进行移动，移至时间指针附近时，关键帧会自动吸附到时间指针上。

（2）拉长或缩短关键帧：选择多个关键帧后，同时按住鼠标左键和 "Alt" 键向外拖动可以拉长关键帧的距离，向内拖动可以缩短关键帧的距离，如图 8.14 所示。这种操作可以将所选关键帧的距离进行等比例拉长或缩短。

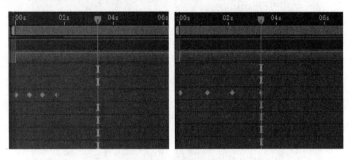

图 8.14　拉长和缩短关键帧

8.3.3　复制关键帧

如果要为多个层设置相同的运动效果，可以先设置好一个图层的关键帧，然后对关键帧进行复制，将复制的关键帧粘贴给其他层。这样可以节省再次设置关键帧的时间，提高工作效率。

选择一个图层的关键帧，在菜单栏中选择 "编辑" → "复制" 命令，可对关键帧进行复制。然后选择目标层，在菜单栏中选择 "编辑" → "粘贴" 命令，粘贴关键帧。在对关键帧进行复制、粘贴时，可使用快捷键 "Ctrl+C" 和 "Ctrl+V" 来实现。

提示： 因为在粘贴关键帧时，关键帧会粘贴在时间指针的位置，所以一定要先将时间指针移至正确的位置，然后再执行粘贴操作。

8.3.4　删除关键帧

删除关键帧有以下几方式。

● 按钮删除：将时间指针调整至需要删除的关键帧位置，可以看到该属性左侧的在当前时间添加或移除关键帧按钮 ◀ 呈蓝色的激活状态，如图 8.15 所示。单击该按钮，即可将当前时间位置的关键帧删除，删除完成后该按钮呈灰色显示，如图 8.16 所示。

图 8.15　删除关键帧

图 8.16　删除关键帧后的效果

- 键盘删除：选择关键帧，按"Delete"键，即可将选择的关键帧删除。
- 菜单删除：选择关键帧，执行菜单栏中的"编辑"→"清除"命令，即可将选中的关键帧删除。

8.3.5　关键帧插值

After Effects CC 2021 基于曲线进行插值控制。调节关键帧的方向手柄，可以对插值的属性进行调节。在"时间轴"面板中，不同时间插值的关键帧图标也不同。如图 8.17 所示关键帧插值图标分别为"线性插值""定格""自动贝塞尔曲线""连续贝塞尔曲线"。

图 8.17　不同类型的关键帧

在"合成"面板中可以调节关键帧的控制手柄，来改变运动路径的平滑度，如图 8.18 所示。

1. 改变插值

选中关键帧右击，在弹出的菜单中选择"关键帧插值"命令，打开"关键帧插值"对话框，如图 8.19 所示。

图 8.18　调节关键帧的控制手柄

图 8.19　"关键帧插值"对话框

在"临时插值"与"空间插值"的下拉列表框中可选择不同的插值方式。
- "当前设置"：保留已应用在所选关键帧上的插值。
- "线性"：线性插值。

- "贝塞尔曲线"：贝塞尔曲线插值。
- "连续贝塞尔曲线"：连续曲线插值。
- "自动贝塞尔曲线"：自动曲线插值。

在"漂浮"下拉列表框中可选择关键帧的空间或时间插值方法，如图 8.20 所示。

- "当前设置"：保留当前设置。
- "漂浮穿梭时间"：以当前关键帧的相邻关键帧为基准，自动变化它们在时间上的位置，从而平滑当前关键帧变化率。
- "锁定到时间"：将选定关键帧保持在当前的时间位置上，除非手动移动所设置的关键帧，否则它们将保持原有位置不变。

图 8.20 "漂浮"下拉列表框

提示：使用选择工具，按住"Ctrl"键单击关键帧标记，即可改变当前关键帧的插值。但插值的变化取决于当前关键帧使用的插值方法。如果关键帧使用线性插值，则变为自动曲线插值；如果关键帧使用曲线、连续曲线或自动曲线插值，则变为线性插值。

2. 插值介绍

（1）线性插值

线性插值是 After Effects CC 2021 默认的插值方式，可以使关键帧产生相同的变化率，具有较强的变化节奏，但比较机械。如果一个层上所有的关键帧都是线性插值方式，则从第一个关键帧开始匀速变化到第二个关键帧，到达第二个关键帧后，变化率变为第二至第三个关键帧的变化率，匀速变化到第三个关键帧。关键帧结束，变化停止。在"图表编辑器"中可观察到线性插值关键帧之间的连接线段在插值图中显示为直线，如图 8.21 所示。

（2）"贝塞尔曲线"插值曲线插值方式的关键帧具有可调节的手柄，可用于改变运动路径的形状，为关键帧提供最精确的插值，具有很好的可控性。如果层上的所有关键帧都使用曲线插值方式，则关键帧之间会有一个平稳地过渡。贝塞尔曲线插值通过保持方向手柄的位置平行于连接前一关键帧和下一关键帧的直线来实现。通过调节手柄，可以改变关键帧的变化率，如图 8.22 所示。

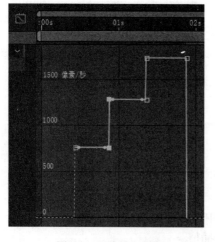

图 8.21 "线性"插值

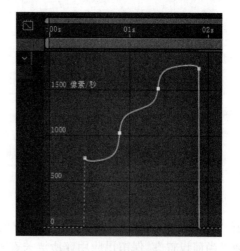

图 8.22 "贝塞尔曲线"插值

（3）连续贝塞尔曲线插值与贝塞尔曲线插值相似，该插值在穿过一个关键帧时，产生一个平稳的变化率。与贝塞尔曲线插值不同的是，连续贝塞尔曲线插值的方向手柄在调整时只能保持直线，如图8.23所示。

（4）自动贝塞尔曲线插值可以通过关键帧创建平滑的变化速率。它可以对关键帧两边的路径进行自动调节。如果手动调节自动贝塞尔曲线插值，则关键帧插值变为连续贝塞尔曲线插值，如图8.24所示。

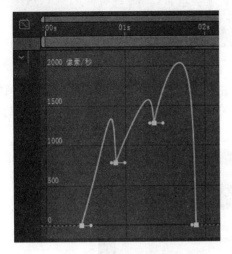
图8.23 连续贝塞尔曲线插值

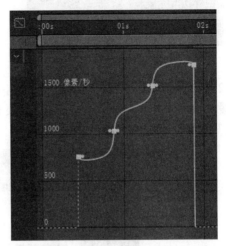
图8.24 自动贝塞尔曲线插值

8.3.6 使用关键帧辅助命令

关键帧辅助命令可以优化关键帧，对关键帧动画的过渡进行控制，减缓关键帧进入或离开的速度，使动画更加平滑、自然。

（1）柔缓曲线"缓动"命令可以设置关键帧进入和离开时的平滑速度，可以使关键帧缓入、缓出，下面介绍如何进行设置。选择需要柔化的关键帧，在菜单栏中选择"关键帧辅助"→"缓动"命令，如图8.25所示。

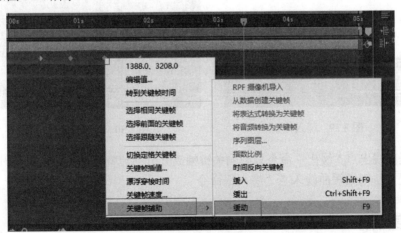
图8.25 选择"缓动"命令

设置完成后的效果如图 8.26 所示。此时单击图表编辑器  按钮，可以看到关键帧发生了变化，如图 8.27 所示。

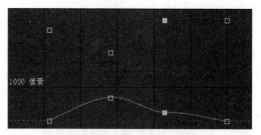

图 8.26　缓动效果　　　　　　　　图 8.27　缓动关键帧图标

（2）柔缓曲线入点"缓入"命令只影响关键帧进入时的流畅速度，可以使进入关键帧的速度放缓，下面介绍如何进行设置。选择需要柔化的关键帧，在菜单栏中选择"关键帧辅助"→"缓入"命令，如图 8.28 所示。

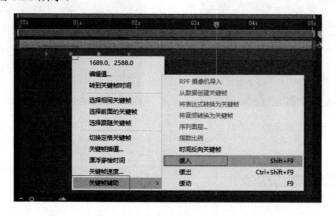

图 8.28　选择"缓入"命令

设置完成后的效果如图 8.29 所示，此时单击图表编辑器  按钮，可以看到关键帧发生了变化，如图 8.30 所示。

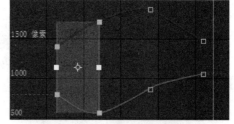

图 8.29　缓入效果　　　　　　　　图 8.30　缓入关键帧图标

（3）柔缓曲线出点"缓出"命令只影响关键帧离开时的流畅速度，可以使离开关键帧的速度放缓，设置方法同柔缓曲线入点"缓入"命令。

8.3.7　速度控制

在图表编辑器中可以观察层的运动速度，并能够对其进行调整。观察图表编辑器中的曲线，线的位置高表示速度快，位置低表示速度慢。

在"合成"面板中，可通过观察运动路径上点的间距了解速度的变化。路径上两个关键帧之间的点越密集，表示速度越慢；点越稀疏，表示速度越快。调整速度的方法如下。

（1）调节关键帧的间距。调节两个关键帧之间的空间距离或时间距离可以改变动画速度。在"合成"面板中调整两个关键帧间的距离，距离越大，速度越快；距离越小，速度越慢。在"时间轴"面板中调整两个关键帧间的距离，距离越大，速度越慢；距离越小，速度越快。

（2）控制手柄。在图表编辑器中可以调节关键帧节点的控制手柄，达到加速、减速等效果，向上调节增大速度，向下调节减小速度。在左右方向调节手柄，可以增大或减小缓冲手柄对相邻关键帧节点产生的影响，如图8.31所示。

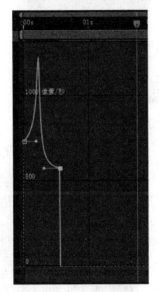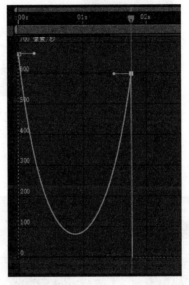

图 8.31　调整控制手柄

8.3.8　时间控制

选择要进行调整的层，右键单击，在弹出的子菜单中选择"时间"命令，在其子菜单中包含用于当前层的6种时间控制命令，如图8.32所示。

（1）"时间反向图层"命令，可对当前层实现反转，即影片倒播。在"时间轴"面板中，设置反转后的层有斜线显示，如图8.33所示。

（2）"时间伸缩（C）…"命令，可打开"时间伸缩"对话框，如图8.34所示，该对话框中显示了当前动画的原持续时间和拉伸因数。

拉伸因数可按百分比设置层的持续时间。当参数大于100%时，层的持续时间变长，速度变慢；参数小于100%时，层的持续时间变短，速度变快。设置"新持续时间"参数，可为当前层设置一个精确的持续时间。

（3）"启用时间重映射"命令，对于慢动作、快动作和反向运动很有用。当将时间重映射应用于包含音频和视频的图层时，音频与视频仍然保持同步。除可以对视频应用时间重映射外，还可以对音频文件应用时间重映射，使音频产生逐渐降低或增加音高、回放音频等，但无法对静止图像图层进行时间重映射。

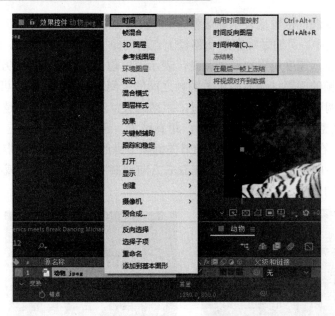

图 8.32 "时间"子菜单

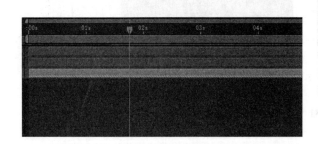

图 8.33 影片倒播

图 8.34 "时间伸缩"对话框

（4）"冻结帧"命令，对视频的某一画面进行定格，如果要冻结某个帧，首先要将时间轴拖曳至想要冻结帧的位置，然后选中要冻结帧的图层，右键单击，在弹出的快捷菜单中选择"时间"→"冻结帧"命令，执行该命令后，即可将当前时间轴所在的帧进行冻结。

（5）"在最后一帧上冻结"命令，可以冻结至图层的最后一帧，直到合成末尾。

8.4　动画案例

8.4.1　小球动画

小球动画制作过程如下。

（1）新建合成。设置文件"宽度"为 1280 像素，"高度"为 720 像素，"持续时间"为5 秒。

（2）导入素材"工程文件与素材\第 8 章\小球动画"的素材"球.psd"，拖曳至"时间轴"面板，适当缩小球体，将"缩放"设置为 24%。

（3）选择图层位置属性，单击图表编辑器按钮，再单击单独尺寸按钮，移动时间指针到 0 秒 0 帧，单击关键帧前面的码表，激活关键帧，调整 Y 位置数值为 100，如图 8.35 所示。

图 8.35　激活关键帧码表

移动时间指针到 1 秒 0 帧，设置"Y 位置"数值为 600。移动时间指针到 2 秒位置，选择第一个关键帧，按快捷键"Ctrl+C"，再按快捷键"Ctrl+V"，将第一个关键帧粘贴到 2 秒处，效果如图 8.36 所示。

图 8.36　调整关键帧数值

提示： 合成窗口左上角坐标为（0,0），横轴为 X 轴，向右逐渐增大，纵轴为 Y 轴，向下逐渐增大。

（4）调整图表编辑器。选中位置属性，单击图表编辑器按钮，打开图表编辑器，单击下方的"选择图表类型和选项"按钮，选择"编辑值图表"命令，如图 8.37 所示。

选中第一个关键帧，选择"缓出"命令，选中第二个关键帧，选择"缓动"命令，选中第三个关键帧，选择"缓入"命令，效果如图 8.38 所示。

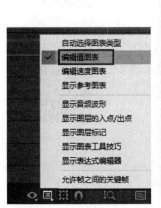

图 8.37　编辑值图表

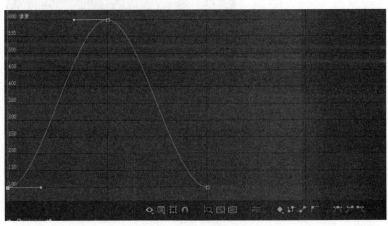

图 8.38　调整柔缓曲线

提示 1："单独尺寸"使图层"位置"属性的 X 轴和 Y 轴分离。

提示 2："编辑值图表"曲线的 Y 轴为坐标值，两个时间点间的变化幅度越大，说明速度变化越快。在 1 秒位置，速度达到最大值。

图表编辑器效果如图 8.39 所示。

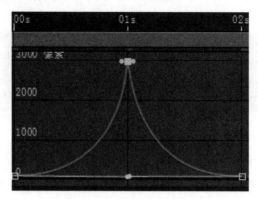

图 8.39   最终曲线效果

小球动画微课

小球动画效果

8.4.2   飞机动画

飞机动画的制作过程如下。

（1）在"项目"面板中导入"工程文件与素材\第 8 章\飞机动画"的素材"天空.PSD"和"AF Thunderbird.psd"，将"天空.PSD"拖放到新建合成 ▣ 按钮上，新建一个与素材相匹配的合成。进入菜单栏选择"合成"→"合成设置"命令，更改合成"持续时间"为 2 秒 01 帧。

（2）调整飞机大小。把素材"AF Thunderbird.psd"拖入"时间轴"面板中，置于"天空.PSD"的上一层。按"S"键，展开其"缩放"属性，调整数值为 32%，如图 8.40 所示。

图 8.40   调整图层缩放值

飞机动画微课

飞机动画效果

（3）制作飞机位置动画。移动时间指针到 0 秒 0 帧，选择图层"AF Thunderbird.psd"，按

"P"键，展开"位置"属性，调整图层"AF Thunderbird.psd"位置到合成窗口的右下角，激活关键帧码表，如图8.41所示。

移动时间指针到合成结束位置（2秒处），在合成窗口调整图层"AF　Thunderbird.psd"位置到合成的左上角，如图8.42所示。

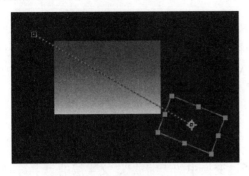 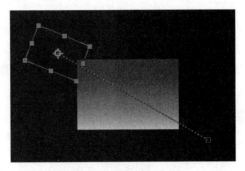

图8.41　调整图层位置（1）　　　　　图8.42　调整图层位置（2）

（4）制作路径跟随。可以发现飞机偏移了路径方向，选择"AF Thunderbird.psd"图层，右键单击选择"变换"→"自动定向"命令，选中"沿路径定向"单选按钮，单击"确定"按钮，如图8.43所示。

（5）调整飞机的旋转属性，设置旋转值为+173.0°，使飞机方向贴近路径，如图8.44所示。

图8.43　设置自动定向功能　　　　　图8.44　设置飞机旋转属性

提示：将时间指针移动到前一个关键帧按"J"键，将时间指针移动到后一个关键帧按"K"键。

（6）在图表编辑器中调整速度。选中"位置"属性，单击图表编辑器 ，切换至"编辑速度图表"，速度曲线中横轴表示时间，纵轴表示速度。分别向下、向右拖动控制手柄，调整效果如图8.45所示。

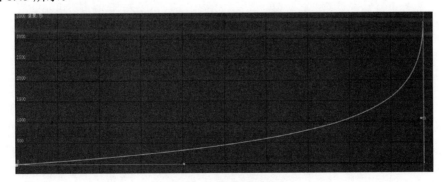

图8.45　调整图表编辑器

（7）打开运动模糊开关 ，增加动画动感。

本章小结

动画对于视频设计师来说尤为重要，After Effects CC 2021 中的动画主要是关键帧动画，动态草图、平滑器只是动画的补充，日常工作中很少用到。动画速度节奏的控制主要通过图表编辑器来实现，使用 After Effects CC 2021 制作 MG 动画和 UI 动画也会大量用到图表编辑。

课后拓展练习

运用梯度渐变、投影、发光等常用特效，通过变换中的"缩放"、文字层的"字符间距大小"制作片头动画。制作思路：①处理背景图片；②文字层添加渐变、辉光、投影效果；③缩放和字符间距上建立关键帧动画；④合成效果如图 8.46 所示。

广州工商学院

片头动画微课

片头动画效果

图 8.46　片头动画

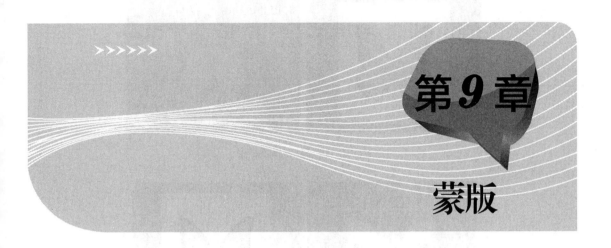

第 *9* 章

蒙版

蒙版是一种非破坏性的编辑工具，用于遮挡图层内容，使其隐藏或透明，但不会将对象删除。本章主要对蒙版的创建、蒙版调整、蒙版属性、蒙版动画以及蒙版特效的使用进行讲解。

➡ 教学目标与要点：

❖ 理解蒙版的原理
❖ 掌握蒙版的创建方法
❖ 熟悉蒙版选项的用法
❖ 掌握描边特效的用法

9.1　蒙版概述

在进行视频制作时，经常需要将不同的对象合成到一个场景中去，所以需要对不同的对象进行去除背景的操作。使用 Alpha 通道来完成这个合成非常方便，但摄像机无法产生 Alpha 通道。这时，蒙版就可以解决这个问题。

蒙版是一个路径或轮廓图，为对象定义蒙版后，将建立一个透明区域，该区域将显示其下层图像，如图 9.1 所示。左图为未建立蒙版的原图，右图为建立蒙版后透出下面背景层的新图。

After Effects CC 2021 中的蒙版是用线段和控制点构成的路径，线段是连接两个控制点的直线或曲线，控制点定义了每个线段的开始点和结束点。路径可以是开放的也可以是封闭的。开放的路径有不同的开始点和结束点。封闭的路径是连续的，没有开始点和结束点。但对于建立透明的蒙版来说，路径只能是封闭的，开放的路径蒙版不能产生透明区域，它主要用来应用特效，如图 9.2 所示，左图是开放路径，只起到路径的功能；右图是封闭路径，可起到建立透明区域的功能。

图 9.1　建立蒙版前后对比

图 9.2　开放路径与闭合路径

9.1.1　创建蒙版

After Effects CC 2021 通过建立封闭或开放的路径得到蒙版，提供了多种建立蒙版的方法。可以使用"工具"面板中的工具在合成窗口或图层窗口中建立蒙版，也可以直接将 Photoshop 或 Illustrator（矢量插画软件）中的路径导入使用。

After Effects CC 2021 在"工具"面板中提供了多种建立蒙版的方法，比较基本的是通过形状工具或贝赛尔曲线绘制。如果直接在合成窗口中绘制蒙版，不选择任何图层，After Effects CC 2021 会自动建立形状图层。

1. 利用工具组建立蒙版

在 After Effects CC 2021 中最常用来创建蒙版的方法是利用"工具"面板上的两个蒙版工具组。

1）形状蒙版工具组

建立规则形状蒙版时可使用形状蒙版工具组▣，包括矩形工具▣、圆角矩形工具▣、椭圆工具◎、多边形工具⬡、星形工具☆。

其操作步骤如下：

（1）在"工具"面板中选择形状蒙版工具组▣中的任何一个工具。

（2）在合成窗口或图层窗口中找到目标层蒙版起始位置，按住鼠标左键，拖动鼠标至结束位置，即可产生蒙版。

● 按住"Shift"键的同时拖动鼠标，可以建立正方形或正圆形蒙版。

● 按住"Ctrl"键的同时拖动鼠标，可以从蒙版的中心开始建立蒙版。

● 双击"工具"面板中的形状蒙版工具▣，可沿图层的边缘建立蒙版。

2）钢笔蒙版工具组

钢笔是 After Effects CC 2021 中最有效的蒙版创建工具，用它可以创建任何形状的蒙版。

钢笔工具组通过创建曲线来创建蒙版。通过调整曲线路径控制点修改路径。使用钢笔工具可以产生封闭的路径或开放的路径，包括以下 5 个工具。

钢笔工具：利用此工具可以创建封闭或开放的路径，用来创建贝塞尔曲线蒙版。

After Effects CC 2021 除提供创建蒙版的工具外，还提供了对蒙版进行编辑的工具。

添加锚点工具：此工具用来增加路径上的节点。

删除锚点工具：此工具用来删除路径上的节点。

转换锚点工具：此工具用来改变路径的曲率。

蒙版羽化工具：此工具用来设置蒙版羽化。

用钢笔工具创建封闭蒙版的步骤如下：

（1）在工具面板中选择钢笔工具。

（2）在合成窗口中，将鼠标移动到目标层上要建立蒙版的第一个控制点位置，单击产生控制点。

（3）将鼠标移动到第二个控制点位置，单击产生控制点。

（4）将鼠标移动到下一个控制点位置，单击产生控制点。

（5）重复绘画直到画完全部线段，单击第一个控制点形成闭合蒙版。

使用钢笔工具建立蒙版时，可以直接创建曲线路径。利用曲线产生路径，可以减少路径上的控制点，且减少了后面对控制点的修改，在创建过程中可使蒙版趋于理想化。单击产生控制点，按住鼠标左键向要画线的方向拖动，拖动时鼠标拉出两个控制方向句柄。方向线的长度和曲线角度决定了画出曲线的形状，再通过调节方向句柄可修改曲线的曲率。

控制点方向句柄还可单独拖动。按住"Ctrl"键的同时拖动方向句柄，只会对当前句柄有效，而另一个句柄不会发生改变。这样可以产生更复杂的曲线。

2. 输入数据建立蒙版

采用输入数据方式建立的路径蒙版只能是形状蒙版，如矩形和圆形等。

采用输入数据方式建立路径蒙版的步骤如下。

在要建立蒙版的层上鼠标右键单击，在弹出的菜单中选择"蒙版"→"新建蒙版"命令或使用快捷键"Ctrl+Shift+N"，便会沿目标层边缘建立一个矩形蒙版。

在蒙版上单击鼠标右键，在弹出的菜单中选择"蒙版"→"蒙版形状"命令或使用快捷键"Ctrl+Shift+M"，弹出"蒙版形状"对话框，如图9.3 所示。

勾选"重置为"复选框，在其后面的下拉列表中选择"矩形"或"椭圆形"命令，并在"定界框"栏中指定蒙版边角的尺寸和位置。单击"确定"按钮即可得到相应的效果。

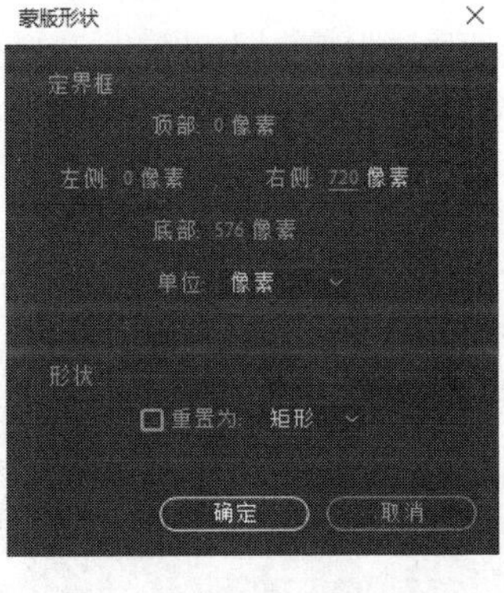

图 9.3 "蒙版形状"对话框

3. 使用第三方软件创建路径

After Effects CC 2021 允许从其他软件中导入路径来使用，用户可以利用这些应用软件中更专业的路径编辑工具为 After Effects CC 2021 制作各种各样的路径蒙版，如 Illustrator。

从 Photoshop 或 Illustrator 软件中导入蒙版的步骤如下：

（1）运行 Photoshop 或 Illustrator 软件，创建路径；

（2）选择要复制到 After Effects CC 2021 中路径上的所有点，选择"编辑"→"复制"命令；

（3）切换到 After Effects CC 2021 中，选择要粘贴蒙版的层，选择"编辑"→"粘贴"命令即可完成导入。

9.1.2 蒙版选项

使用工具面板中的蒙版工具或通过输入数字形式可对已经创建好的蒙版进行编辑。

1. 编辑蒙版形状

After Effects CC 2021 可以通过移动、增加、减少蒙版路径上的控制点，以及对线段的曲率进行变化来对蒙版的形状进行改变，在多个层的合成窗口中，可在层窗口选择和修改路径以避免干扰。

1）选择蒙版上的点

蒙版的修改方法有多种，当蒙版上的所有点都被选中后，移动或缩放蒙版上的点，整个蒙版将被移动或缩放。只选择形状蒙版上的一个或多个控制点，被选择的点以实心表示，未选择的点则以空心表示。

在合成窗口中框选控制点的步骤如下：

（1）在工具面板中选中选择工具▶。

（2）在合成窗口或层窗口中单击蒙版，显示蒙版上的所有控制点。

（3）鼠标左键单击所要选择的控制点。

全选蒙版控制点可执行以下方法之一：

方法 1：在合成窗口或层窗口中框选蒙版。

方法 2：在合成窗口或层窗口中按住"Alt"键的同时单击蒙版。

方法 3：在合成窗口或层窗口中双击蒙版。

方法 4：在"时间轴"面板中，打开蒙版所在层的蒙版属性卷展栏，选中要选择全部控制点的蒙版。

当在蒙版路径上添加画笔等特效时，蒙版的控制点顺序是非常重要的。可以在建立蒙版后，修改蒙版控制点顺序。选择控制点后鼠标右键单击，在弹出的菜单中选择蒙版与形状路径，设置首个锚点命令，即可将该控制点设置为蒙版起始点，其后控制点按顺序排列。

图 9.4　自由变换

2）缩放和旋转蒙版或蒙版控制点

蒙版或蒙版上的点是可以以蒙版约束框的定位点为基准进行缩放旋转或移动操作的，效果如图 9.4 所示。

操作步骤如下：

（1）在合成窗口中选中目标蒙版。

（2）框选要打开约束框的控制点，在控制点上鼠标右键单击，在弹出的菜单中选择"蒙版与形状路径"→"自由变换点"命令或按组合键"Ctrl+T"，即可打开蒙版约束框。若要打开整个约束框，可以直接双击蒙版。

（3）将鼠标放在约束框中，即可拖动；放在约束框句柄上时，可进行缩放和旋转操作。

3）修改蒙版形状

蒙版的形状可通过蒙版上的控制点来修改。

增加或删除锚点的步骤如下：

（1）在工具箱面板中，鼠标左键按住钢笔工具 ，在弹出的扩展工具栏中选中路径添加锚点工具 或删除锚点工具 。

（2）在蒙版上需要添加控制点的位置上单击，即可添加锚点；在蒙版上单击需要删除的控制点，该控制点则被删除。

若要删除控制点，也可先选中要删除的控制点，然后选择"编辑"→"清除"命令或按"Delete"键删除。

提示： 直线控制点和曲线控制点间的转换方法如下所示。

方法 1： 在工具箱面板中选择转换锚点工具 ，单击蒙版控制点。

方法 2： 在工具面板中选中选择工具 ，按住 "Ctrl" 键的同时单击蒙版控制点即可。

2．修改蒙版其他属性

在 After Effects CC 2021 中，除了可以对蒙版进行形状的修改，还可以对其边缘的羽化程度和透明度进行设置及其显示区域的翻转操作。

（1）对蒙版的羽化

通过对蒙版进行羽化设置可改变蒙版边缘的软硬度。

羽化是指对路径两边的像素进行扩展，如图 9.5 所示，左图是蒙版羽化前的效果图，右图是蒙版羽化后的效果图，展开蒙版羽化选项的快捷键是 "F"。

图 9.5　设置蒙版羽化

（2）设置蒙版不透明度

蒙版不透明度可控制蒙版内图像的不透明度。蒙版不透明度仅影响层上蒙版区域内的图像，如图 9.6 所示，左图和右图的蒙版不透明度设置不同，产生的蒙版效果也不同，显示蒙版不透明度的快捷键是 "T"。

图 9.6　设置蒙版的透明度

（3）扩展和收缩蒙版

通过对蒙版扩展属性值的调整可实现蒙版的扩展或收缩，效果如图 9.7 所示。当值为正值时，蒙版范围在原始基础上扩展，效果如左图；当值为负值时，蒙版范围在原始基础上收缩，效果如右图。

图 9.7　蒙版的扩展和收缩

（4）反转蒙版

在默认情况下，蒙版范围内显示当前层的图像，蒙版范围外为透明。可通过反转蒙版来改变蒙版的显示区域。只需选中蒙版右侧的"反转"选项，如图 9.8 所示。

图 9.8　蒙版反转

3. 对多个蒙版进行操作

可在 After Effects CC 2021 的同一个层上建立多个蒙版，最多可建立 128 个开放或封闭的蒙版。在各个蒙版间可进行多重叠加。

系统以在图层上建立蒙版的先后顺序为蒙版命名及排列。蒙版名称和排列顺序可自定义改变。

1）蒙版排序

在默认情况下，系统以在图层上建立蒙版的顺序为蒙版命名，如蒙版 1、蒙版 2……蒙版 N 等，用户可改变名称和顺序。

改变名称或顺序可选择以下任意一种方法。

方法 1：在"时间轴"面板中选中要改变顺序的蒙版，按住鼠标左键，拖动蒙版至目标位置，即可手动改变蒙版的排列顺序。

方法 2：在"时间轴"面板或层窗口中选中要改变顺序的蒙版，使用菜单命令方式改变蒙版的排列顺序。

- 选择"图层"→"排列"→"将蒙版置于顶层"命令，或按下快捷键"Ctrl + Shift +]"，可使蒙版移至层顶部。
- 选择"图层"→"排列"→"使蒙版前移一层"命令，或按下快捷键"Ctrl +]"，可使蒙版向上移动一级。

- 选择"图层"→"排列"→"使蒙版后移一层"命令，或按下快捷键"Ctrl +["，可使蒙版向下移动一级。
- 选择"图层"→"排列"→"将蒙版置于底层"命令，或按下快捷键"Ctrl + Shift +["，可使蒙版移至层底部。

2）蒙版的混合模式

当一个层上有多个蒙版时，可以使用蒙版混合模式产生各种复杂的几何形状。还可以形成不同变化的透明级别。

系统在层中产生的第一个蒙版与层的 Alpha 通道相互作用，若此层没有 Alpha 通道，则与层的外框相互作用，其下的蒙版在相邻的两个蒙版间相互作用。而蒙版混合模式的作用结果取决于居于上方的蒙版所采用的蒙版混合模式。

图9.9 蒙版混合模式

设置蒙版混合模式的步骤如下。

（1）打开要设置蒙版混合模式层的蒙版属性。

（2）单击蒙版名称旁的菜单，在弹出的菜单中选择蒙版混合模式，如图9.9所示。

- "无"：系统忽略蒙版效果，采用无效蒙版方法，不在层上产生透明区域。在使用特效时，经常会遇到某种特效需要为其指定一个蒙版路径进行定义的问题，此时便可选择此选项。
- "相加"：蒙版采用相加方式，在合成窗口中显示所有蒙版内容，蒙版相交部分为不透明度相加，如图9.10所示，蝴蝶形蒙版的不透明度为20，星形蒙版的不透明度为80。
- "相减"：蒙版采用相减方式，上面的蒙版减去下面的蒙版，被减去区域内容不在合成窗口中显示，如图9.11所示，蝴蝶形蒙版的不透明度为100，星形蒙版的不透明度为100。

图9.10 "相加"模式

图9.11 "相减"模式

- "交集"：蒙版采用交集方式，在合成窗口中显示所有蒙版的相交部分，如图9.12所示，蝴蝶形蒙版的不透明度为100，星形蒙版的不透明度为100。
- "变亮"：与相加方式相同，但蒙版相交部分不透明度以不透明度高的蒙版为准，如图9.13所示，蝴蝶形蒙版的不透明度为30，星形蒙版的不透明度为90。
- "变暗"：与交集方式相同，但蒙版相交部分不透明度以不透明度低的蒙版为准，如图9.14所示，蝴蝶形蒙版的不透明度为100，星形蒙版的不透明度为70。

● "差值"：蒙版采用并集减去交集的方式，在合成窗口中显示相交部分以外的所有蒙版区域，如图9.15所示，蝴蝶形蒙版的不透明度为100，星形蒙版的不透明度为100。

图9.12 "交集"模式

图9.13 "变亮"模式

图9.14 "变暗"模式

图9.15 "差值"模式

9.2 字幕按钮制作

字幕按钮制作过程如下。

（1）新建一个720×576的PAL D1/DV制合成，将其命名为"字幕条"，如图9.16所示。

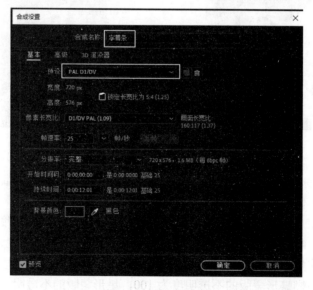

字幕按钮制作微课

字幕按钮制作效果

图9.16 新建合成

（2）选择"图层"→"新建"→"纯色层"命令，建立一个纯色层，图层颜色设置为黄色；在"时间轴"面板中选择纯色层，按"Enter"键，将层重命名为"字幕条主体"，如图 9.17 所示。

图 9.17　新建字幕条图层

（3）用圆角矩形蒙版工具在字幕条主体图层上绘制圆角矩形，如图 9.18 和图 9.19 所示。

图 9.18　蒙版工具组　　　　　　　　　　图 9.19　绘制圆角矩形

（4）选中"字幕条主体"图层，添加渐变特效。渐变的开始和结束位置分别设置为圆角矩形的上下端，并设置渐变起点和渐变终点分别为深蓝色和浅蓝色，如图 9.20 所示。

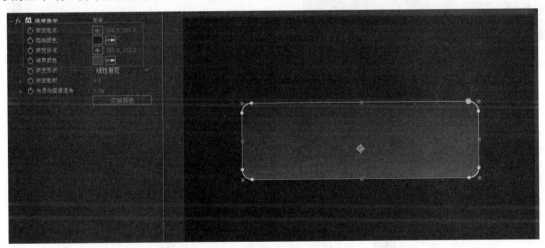

图 9.20　添加渐变特效

（5）选择"字幕条主体"图层，按快捷键"Ctrl+D"，复制图层，并改名为"字幕条亮边"，如图 9.21 所示。

图 9.21　复制图层

（6）将"字幕条亮边"图层的渐变色彩设置得明亮些，如图9.22所示。

（7）选择"字幕条主体"图层，将蒙版选项中的蒙版扩展设置为-2.0像素，如图9.23所示。

图9.22　更改渐变颜色　　　　　　　　　　　　图9.23　设置蒙版扩展

（8）选择"字幕条主体"图层，按快捷键"Ctrl+D"复制图层，命名为"字幕条高光"。

（9）将"字幕条高光"图层的梯度渐变中起始颜色和结束颜色分别设置为白色，如图9.24所示。

图9.24　设置渐变颜色

（10）选择"字幕条高光"图层，使用蒙版工具组绘制第二个蒙版，如图9.25所示。

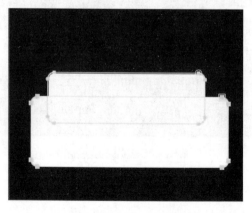

图9.25　绘制第二个蒙版

（11）展开"字幕条高光"图层中的蒙版选项，将第二个蒙版中的蒙版混合模式改为"相减"，如图9.26所示。

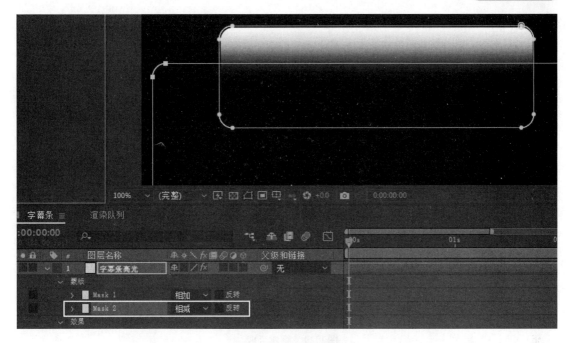

图 9.26 "相减"模式

（12）展开"字幕条高光"图层蒙版 1（Mask2）中的选项，将"蒙版羽化"设置为"47.0,47.0"，如图 9.27 所示。

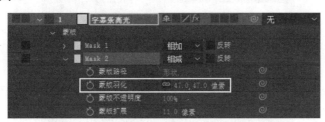

图 9.27 设置蒙版羽化

（13）最终效果如图 9.28 所示。

图 9.28 最终效果

9.3 蒙版动画

蒙版动画制作过程如下。

（1）新建合成，选择预设"HDV/HDTV 720 25"，持续时间设置为 05 秒，参数设置如

图 9.29 所示。

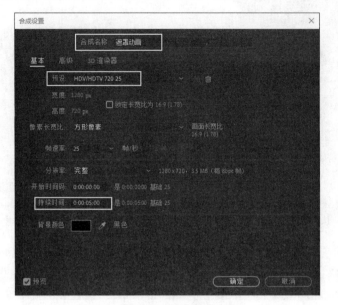

蒙版动画微课

蒙版动画效果

图 9.29　新建合成

（2）新建纯色层，设置颜色值"R"为 64，"G"为 129，"B"为 190，如图 9.30 所示。

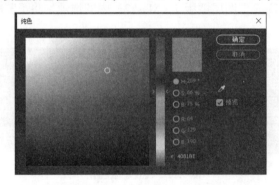

图 9.30　新建纯色层

（3）选中纯色层，在合成窗口中，使用矩形蒙版工具█绘制适当大小的蒙版，使用选择工具▶，移动蒙版到合成窗口中间位置，如图 9.31 所示。

图 9.31　绘制蒙版

（4）新建文字层，输入文字"www.videoeric.net"，调整到合适位置，设置好字体及大小，如图9.32所示。

图9.32　新建文字层

（5）选中文字层，选择"效果"→"透视"→"投影"命令添加阴影效果，参数采用默认值，如图9.33所示。

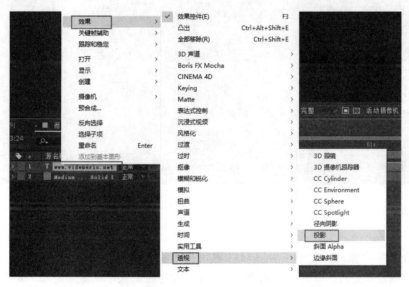

图9.33　添加"投影"特效

（6）制作背景羽化效果。展开纯色层蒙版选项，解锁蒙版形状的约束比例，适当调整蒙版羽化中 X 轴数值，设置为172.0像素，如图9.34所示，效果如图9.35所示。

图9.34　设置蒙版羽化

图 9.35　蒙版羽化效果

（7）制作背景动画。移动时间指针到 1 秒 0 帧位置。激活"蒙版形状"前面的码表，再移动时间指针到 0 秒 0 帧位置，调整蒙版右侧竖线与左侧竖线重合，如图 9.36 所示。

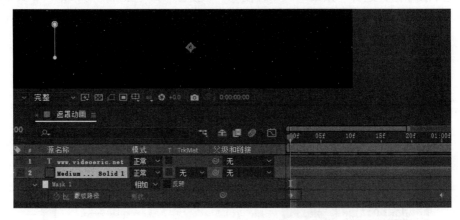

图 9.36　调整蒙版形状

提示：

● 单击合成窗口蒙版以外的其他区域，取消全选蒙版。

● 单击蒙版右侧竖线，以选中右侧两个控制点。此时控制点外观发生变化，如图 9.37 所示。

图 9.37　选中右侧两个控制点（竖线）

● 按住"Shift"键，水平移动右侧竖线到左侧竖线位置，如图 9.38 所示。

图 9.38 右侧竖线移至左侧

（8）制作文字层动画。在"效果和预设"面板中，选择"动画预设"→"Text"→"Animate In"命令，添加"平滑移入"到文字层，如图 9.39 所示。然后调整动画，选中文字图层，按"U"键，显示建立关键帧的属性。按住鼠标左键框选全部关键帧，调整最左侧关键帧到 1 秒（01s）位置，使背景动画结束后才开始文字动画，如图 9.40 所示。

图 9.39 添加平滑移入

图 9.40 调整关键帧

（9）输出遮罩动画。菜单栏中选择"合成"→"添加到渲染队列"命令，如图 9.41 所示。

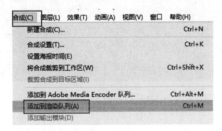

图 9.41 添加到渲染队列

（10）在"当前渲染"面板中，输出模块选择"无损"命令，弹出的"输出模块设置"对话框中设置格式为"QuickTime"，如图 9.42 所示。

图 9.42 输出 QuickTime 格式

（11）在"当前渲染"面板中，设置输出路径和文件名，如图 9.43 所示。

图9.43　渲染视频

9.4　书写效果

书写效果制作过程如下。

（1）在"项目"面板中导入"工程文件与素材\第 9 章\书写效果"中的素材"name_For_Signature.TIF"，并拖曳至新建合成按钮 新建合成，命名为"素材合成"，如图 9.44 所示。

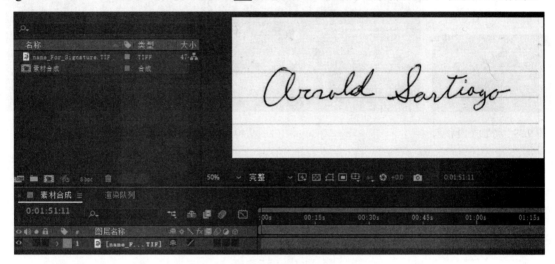

图9.44　新建合成

（2）选择钢笔工具 ，并选中"时间轴"面板中素材图层，在"合成"面板中根据文字笔画的顺序分 4 次勾勒出文字的轮廓，如图 9.45 所示。

 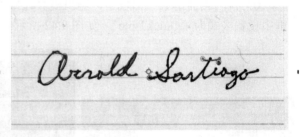

图9.45　建立文字蒙版

提示：为了区分遮罩，可以修改蒙版颜色。

（3）在菜单栏中选择"合成"→"新建合成"命令，命名为"动画合成"，设置"宽度"为"640px"，"高度"为"480px"，"持续时间"为 5 秒，"背景颜色"为白色，单击"确定"按钮，如图 9.46 所示。

书写效果微课

书写效果效果

图 9.46 新建合成

（4）新建纯色层，命名为"描边动画"。将"素材合成"中素材图层的 4 个蒙版进行全选，按快捷键"Ctrl+C"，然后选中"动画合成"的纯色层"文字动画"，按快捷键"Ctrl+V"，效果如图 9.47 所示。

图 9.47 复制蒙版

（5）在"描边动画"层上选择"效果"→"生成"→"描边"命令，勾选"所有蒙版"复选框，设置颜色为黑色，画笔大小为"3.0"，绘画样式为"在透明背景上"，如图 9.48 所示。

图 9.48 设置描边参数

（6）在"描边"效果的"结束"属性上创建关键帧动画，设置 0 秒 0 帧位置为"0.0%"，1 秒 10 帧和 1 秒 14 帧位置为"46.4%"，3 秒 02 帧和 3 秒 05 帧位置为 97.2%，3 秒 10 帧和 3 秒 13 帧为 99.5%，3 秒 15 帧为"100.0%"，如图 9.49 所示。

图 9.49 "结束"属性关键帧

（7）在"描边动画"图层上添加"毛边"效果，设置"边界"为"4.00"，"分形影响"为"0.50"，"比例"为"50.0"，参数设置如图 9.50 所示，效果如图 9.51 所示。

图 9.50 "毛边"参数设置

图 9.51 最终效果

本章小结

蒙版工具绘制的蒙版可以分为两种，一种是非闭合的路径，主要是起路径作用，一般用来与描边等蒙版特效结合起来使用；另外一种就是闭合路径，起蒙版作用，可解决 Alpha 的问题，这是合成的重要内容。除此以外还可以利用其他图层的 Alpha 信息作为蒙版，如图层的轨道蒙版功能。

课后拓展练习

运用蒙版工具绘制 3 张笑脸，如图 9.52 所示。制作思路：①绘制规则图形；②调整蒙版；③运用蒙版几何运算。

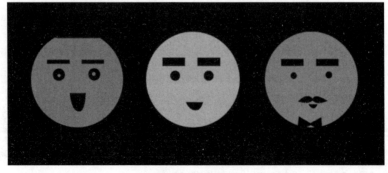

笑脸微课

笑脸效果

图 9.52 笑脸

第10章

三维合成

本章主要介绍了三维空间中的三维视图、坐标系统等概念，以及摄像机与灯光的创建方法和参数设置，合理使用与发挥三维合成功能，可以为后期合成制作带来广阔的创意空间。

➡ 教学目标与要点：

❖ 理解三维空间概念
❖ 掌握三维图层的基本操作
❖ 掌握摄像机的创建方法
❖ 掌握摄像机动画的制作方法
❖ 掌握灯光的创建与设置方法

10.1 三维空间基础

10.1.1 三维合成概述

在 After Effects CC 2021 中，横向被定义为 X 轴，竖向则被定义为 Y 轴，沿物体纵深的方向为 Z 轴。

在 After Effects CC 2021 引入三维合成后，添加了现实世界中的元素，如灯光和阴影，可以更逼真地模拟现实效果，也加入了摄像机的功能，包括焦距、景深等理念，满足了用户在后期处理中调整镜头的需求。除音频层、摄像机层和灯光层不能转换为 3D 层外，其他层都可以。当一个层转换为 3D 层后，就激活了该层的 3D 属性，系统会自动为该层加入 Z 轴，同时也会出现包含 Z 轴的位置点、定位点、X 轴旋转点、Y 轴旋转点、Z 轴旋转点和材质等 3D 层特有的属性。

把 After Effects CC 2021 中的普通层转换为 3D 层有以下三种方法。

方法 1：在"时间轴"面板中选择需要转换的 3D 层，单击 3D 层按钮 ，如图 10.1 所示。

图 10.1　3D 层按钮

方法 2：选择"层"→"3D 层"命令。

方法 3：用鼠标右键单击层，在弹出的快捷菜单中选择"3D 层"命令。

10.1.2　三维视图

正视图、左视图、顶视图、右视图、底视图、后视图、自定义视图都不会渲染输出，摄像机视图从摄像机角度看场景。按"F10""F11""F12"键可分别切换到前视图、自定义视图、有效摄像机视图。

10.1.3　坐标系统

在三维空间中移动或旋转对象是以某个点为基准进行的，而这个基准就是坐标模式。

After Effects CC 2021 中提供了 3 种坐标模式，这 3 种坐标系的控制图标位于工具栏中部，如图 10.2 所示。

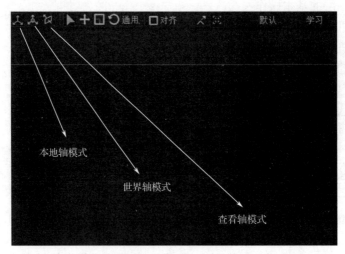

图 10.2　3 种坐标系

- 本地轴模式：在此坐标模式下旋转层，各个坐标轴和层将一起被旋转，如图 10.3 所示。
- 世界轴模式（绝对坐标系统）：在此坐标模式下，坐标系统不会随着三维操作而改变位置。若在正面视图中观看，X 轴、Y 轴总是成直角；若在顶部视图中观看，X 轴、Z 轴总是成直角；若在右侧视图中观看，Y 轴、Z 轴总是成直角，如图 10.4 所示。
- 查看轴模式：相对视图而言，坐标的方向保持不变，不论如何旋转层，在顶部视图中 X 轴、Z 轴总是成直角，Y 轴总是垂直于屏幕；在正面视图中 X 轴、Y 轴总是成直角，Z

轴总是垂直于屏幕；在右侧视图中，Y轴、Z轴总是成直角，X轴总是垂直于屏幕，如图 10.5 所示。

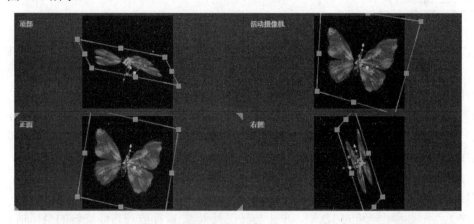

图 10.3　本地轴模式

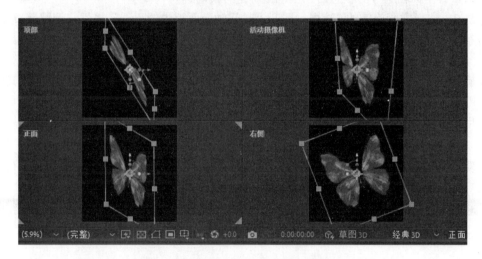

图 10.4　世界轴模式（绝对坐标系统）

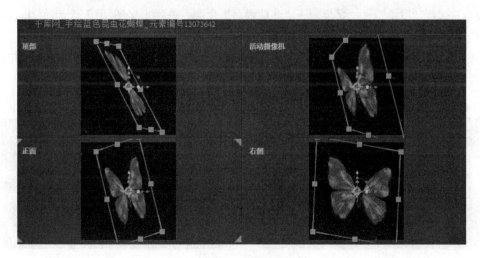

图 10.5　查看轴模式

10.1.4 三维操作

1. 移动

3D层的基本操作和普通层一样。把普通层转换为3D层后，在合成窗口中会出现三维坐标。红色代表水平的X轴，绿色代表垂直的Y轴，蓝色代表纵深的Z轴。在合成窗口中移动3D层的操作步骤如下。

（1）选择需要移动的3D层，选择工具栏中的选择工具。

（2）把鼠标的指针放到需要移动的坐标轴上，在光标显示为带有坐标轴符号的状态后，沿着该坐标方向拖动鼠标。

2. 旋转

旋转3D层可采用以下两种方法。

方法1：选择需要旋转的3D层，单击旋转工具，把鼠标放到需要旋转的坐标轴上，在光标显示为带有坐标轴符号的状态后，拖动鼠标进行旋转即可。

方法2：选择需要旋转的3D层，展开"时间轴"面板中的"层"属性，调整$X\backslash Y\backslash Z$各轴的旋转参数进行旋转。

3. 定向

在旋转3D层时，After Effects CC 2021提供了两种旋转方式："旋转"和"方向"。其中"旋转"是围着各个坐标轴的轴心进行旋转，而"方向"是以定位点为中心进行旋转。

使用"方向"方式旋转3D层的操作步骤如下。

（1）选择工具栏中的旋转工具，单击"组"下拉按钮，在弹出的下拉列表中选择"方向"命令，如图10.6所示。

文件(F) 编辑(E) 合成(C) 图层(L) 效果(T) 动画(A) 视图(V) 窗口 帮助(H)

图 10.6 旋转工具

（2）将鼠标指针放在层画面上拖动鼠标。

提示：选择"图层"→"变换"→"自动方向"命令，将弹出如图10.7所示的2D图层"自动方向"对话框。

3D图层的该对话框（见图10.8）比2D图层多出一个"定位于摄像机"单选按钮，选择该按钮，图层就会始终对着场景中被激活的摄像机。

图 10.7 2D图层"自动方向"对话框

图 10.8 3D图层"自动方向"对话框

10.2 摄像机设置

在 After Effects CC 2021 中，我们常常需要运用一个或多个摄像机来创造空间场景和观看合成空间，摄像机工具不仅可以模拟真实摄像机的光学特性，更能规避真实摄像机在三脚架、重力等条件的限制，在空间中任意移动。

1. 创建摄像机

创建摄像机面板如图 10.9 所示。

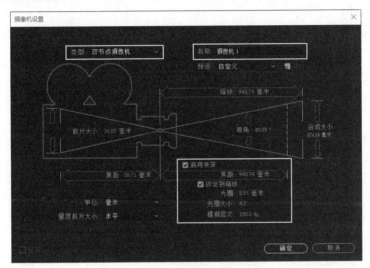

图 10.9 创建摄像机面板

- "名称"：设置摄像机的名称。默认情况下，系统按照摄像机建立的顺序将其命名为摄像机 1、摄像机 2……摄像机 N。
- "类型"：双节点摄像机有兴趣点，单节点摄像机没有兴趣点。
- "预设"：选择预设的摄像机镜头类型。预设有 15 毫米焦距～200 毫米焦距共 9 个镜头。常见的摄像机镜头包括标准的 35 毫米镜头、15 毫米广角镜头、200 毫米长焦镜头、以及自定义镜头等。35 毫米标准镜头的视角类似于人眼。15 毫米广角镜头有极大的视野范围，类似于鹰眼观察空间，被称为鹰眼镜头。由于视野范围极大，会产生空间透视变形。200 毫米长镜头可以将远处的对象拉近，视野范围也随之减少，只能观察到较小的空间，但是几乎没有变形的情况出现，被称为鱼眼镜头。
- "缩放"：设置摄像机的可视范围和到层平面间的距离。
- "视角"：设置摄像机可拍摄的宽度范围。数值越小，可视范围越小；数值越大，可视范围越大。
- "胶片大小"：通过镜头看到图像的实际大小，与合成大小具有反比例的关系。如果在该文本框中输入数值，变焦的参数也会自动调节。胶片尺寸变大，变焦将缩小，显示的图层也就变小。
- "启用景深"：点击右边"开"，可以打开场景深度功能，产生镜头聚焦的效果。只有启用景深下面的几个设置参数才能被激活。

- "焦距"：选中该复选框，将焦距锁定到景深，改变景深时焦距也随之变化。
- "孔径"：决定镜头光圈的尺寸。孔径值越大，受焦距影响的范围就越大，图像清晰的范围就越小。
- "光圈"：设置光圈值。与实际情况一样，光圈和快门速度有密不可分的关系。此参数值和快门速度是关联的，设置光圈参数时，快门速度将自动改变来匹配。After Effects CC 2021里，光圈与曝光没关系，仅影响景深，值越大，前后图像清晰范围就越小。
- "模糊层次"：控制景深图像的模糊程度。
- "单位"：选择设置各项参数时所使用的单位，包括像素、英寸、毫米三个选项。
- "量度胶片大小"：可以改变胶片尺寸的基准方向，包括水平方向、垂直方向和对角线方向三个选项。

可通过其中的"摄像机选项"参数对摄像机进行进一步调整，如图10.10所示。

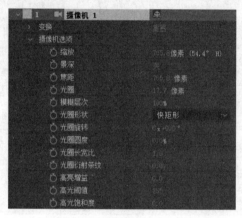

图10.10 "摄像机选项"参数面板

After Effects CC 2021中一个合成可以建立多个摄像机，但是只有最上面的摄像机图层有效，可以通过设置摄像机图层的入点和出点控制摄像机的有效范围。

2. 移动摄像机

制作动画时，创建摄像机后往往还需要进行移动、旋转等操作。这对初学者来说可能有一定难度，但只要能熟练运用摄像机工具组 ，再配合空白对象的父子关系，即可完成移动摄像机的操作。

1）在"时间轴"面板中移动摄像机的操作步骤如下。

（1）在"时间轴"面板中选中需要移动的摄像机。

（2）展开摄像机的位置参数列表。

（3）显示摄像机，在默认的活动摄像机视图中是看不到摄像机的，需要在合成窗口中的活动摄像机菜单中选择一种3D视图，才能在合成窗口中显示摄像机，如图10.11所示。

（4）在"时间轴"面板中调整摄像机的位置参数。

2）在"合成"面板中移动摄像机的操作步骤如下。

（1）在"合成"面板中将视图设置为3D视图，显示摄像机。

（2）单击工具栏中的选择工具 。

（3）把鼠标放置到摄像机需要移动的坐标轴上，当光标显示为带有坐标轴符号 的状态后拖动鼠标，如图10.12所示。

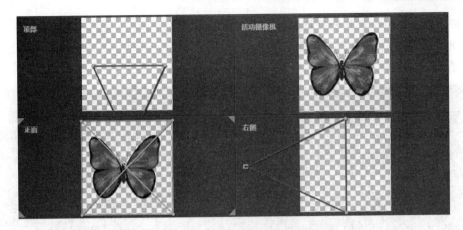

图 10.11 默认的活动摄像机视图

提示：按下"Ctrl"键的同时拖动需要移动的坐标轴，可以做到在移动摄像机时不移动目标。

3. 移动目标点

目标点是摄像机镜头延长线的端点，即摄像机镜头的中心点，如图 10.13 所示。通过移动目标点，可以旋转摄像机的拍摄角度及拍摄物等。

图 10.12 带有坐标轴符号的光标

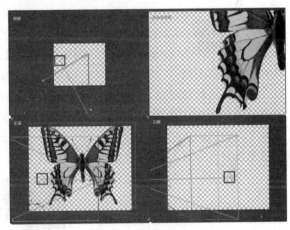

图 10.13 移动目标点

1）在"时间轴"面板中移动目标点的操作步骤如下。

（1）在"时间轴"面板中选中需要移动的摄像机，展开摄像机的"变换"属性列表。

（2）设置目标点参数，如图 10.14 所示。

图 10.14 目标点参数设置

Premiere+After Effects影视剪辑与后期制作（微课版）

2）在"合成"面板中移动目标点的操作步骤如下。

（1）单击工具栏中的选择工具 ▶ 。

（2）在合成面板中直接拖动目标点，如图 10.15 所示。

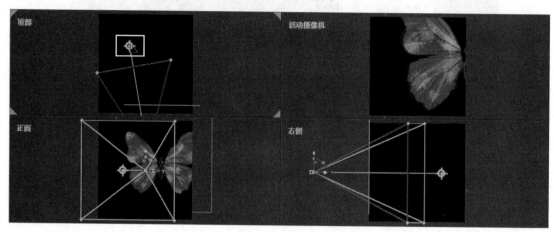

图 10.15　在"合成"面板中移动目标点

4. 使用摄像机工具

图 10.16　摄像机工具组

After Effects CC 2021 的工具栏中提供了一个摄像机工具组，如图 10.16 所示，使用其中的 3 个工具可以对摄像机的视图进行旋转、平移和推拉操作。这 3 个工具只有在有摄像机的情况下才会被激活，在进行旋转、平移或推拉操作前激活码表，可以记录为动画。

这 3 个工具还有对应的下拉菜单，可以使摄像机的旋转、平移与推拉具有更为灵活的效果。

摄像机视图旋转工具 ，集成了"绕光标旋转工具""绕场景旋转工具""绕相机信息点旋转"三种工具模式，如图 10.17 所示。利用该工具可以围绕相应的目标旋转摄像机视图，能够制作出摄像机环绕物体拍摄的动画，如图 10.18 所示。

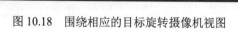

图 10.17　摄像机视图旋转工具　　　　图 10.18　围绕相应的目标旋转摄像机视图

摄像机视图平移工具 ，有两种不同的工具模式，如图 10.19 所示。利用该工具可以在视图中对摄像机进行平移操作，调整主体在摄像机中的位置，如图 10.20 所示。

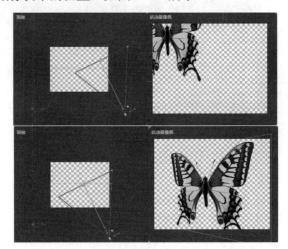

图 10.19 摄像机视图平移工具　　　　　图 10.20 在视图中对摄像机进行平移操作

摄像机视图推拉工具 ，包涵三种工具模式，如图 10.21 所示。该工具可使摄像机自动沿 Z 轴推远或拉近视图，如图 10.22 所示。

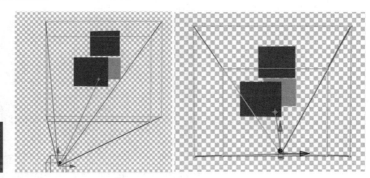

图 10.21 摄像机视图推拉工具　　　　　图 10.22 摄像机沿 Z 轴推远或拉近视图

使用自动定位功能可以把摄像机的目标点始终定位在一个点上，当摄像机的位置移动时，目标点不变，摄像机在创建时会默认选择此选项。

自动定位摄像机目标点的操作步骤如下。

（1）在"时间轴"面板中选择需要定位的摄像机。

（2）选择"图层"→"变换"→"自动方向"命令。

（3）在弹出的"自动方向"对话框中选中"定向到目标点"单选按钮，如图 10.23 所示，单击"确定"按钮。

使用层的面向摄像机功能，能够让层显示在摄像机前的总是一个画面，在合成立体感物体时可以使用该功能。

除使用摄像机视图旋转工具外，选择工具箱中的旋转工具 也可以使摄像机沿着坐标轴旋转。

图 10.23 定向到目标点

创建空白对象，并将摄像机作为子层与空白对象建立父子关系。此时，可对空白对象进行操作来带动摄像机。空白对象的关键帧记录的动画可以带动所有子层执行，如图 10.24 所示。

图 10.24　将摄像机作为子层与空白对象建立父子关系

10.3　灯光

创建灯光的操作步骤如下。

（1）选择以下任意一种方法可新建照明。

方法 1：在菜单栏中选择"图层"→"新建"→"灯光"命令。

方法 2：在"时间轴"面板中单击鼠标右键，在弹出的快捷菜单中选择"新建"→"灯光"命令。

方法 3：在"合成"面板的操作区域中单击鼠标右键，在弹出的菜单中选择"新建"→"灯光"命令。

（2）选择上述任意一种方法后，将弹出如图 10.25 所示的"灯光设置"对话框。

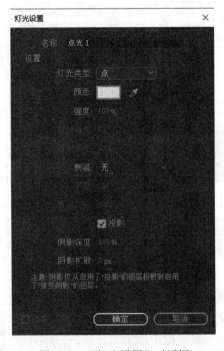

图 10.25　"灯光设置"对话框

10.3.1　灯光类型

After Effects CC 2021 中的灯光可以分为源灯光和环境光。源灯光可以在三维空间中移动，环境光无位置的概念。合成的默认灯光是环境光。源灯光包括平行光、聚光灯、点光。

平行光：可解释为太阳光或从远处照射过来的灯光，能产生阴影，且具有方向性，如图 10.26 所示。

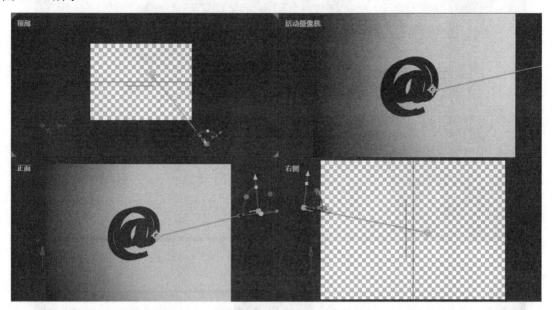

图 10.26　平行光效果

- 聚光灯：锥形的发射光线，光线照射区域较亮，光线照射以外区域较暗，可产生阴影，具有方向性，如图 10.27 所示。

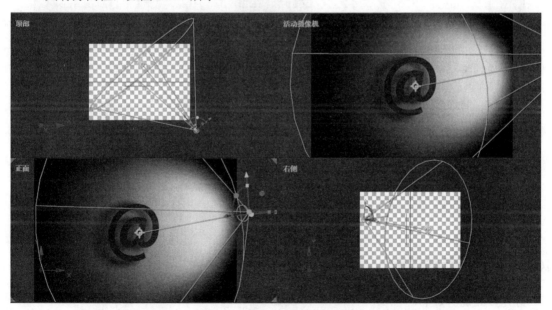

图 10.27　聚光灯效果

- 点光：从一个点向四周发射光线，类似于普通灯泡，可产生阴影，如图 10.28 所示。
- 环境光：没有光线发射点，可照亮场景中的所有对象，没有阴影和方向性，经常和其他灯光一起使用，如图 10.29 所示。

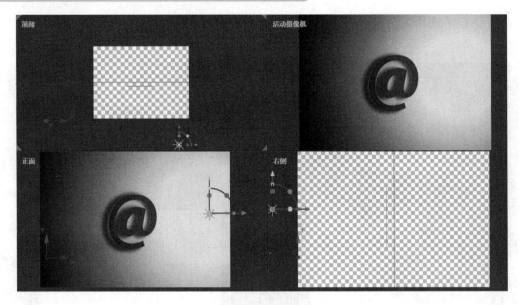

图 10.28　点光效果

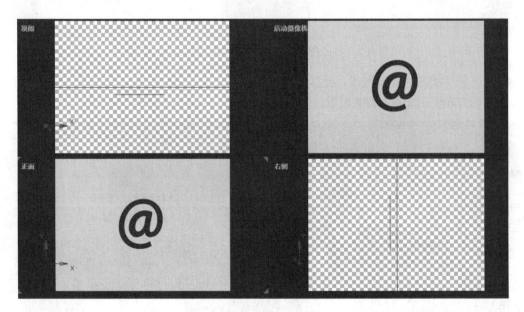

图 10.29　环境光效果

10.3.2　灯光参数详解

灯光参数说明如下。

- "名称"：为灯光命名。默认情况下，系统按照灯光建立的顺序将其命名为"灯光类型+序号"。例如，该图层的灯光类型设置为"平行"光照类型，命名则为"平行光 1"，再次新建平行光图层则默认为"平行光 2"，以此类推。如果新建的灯光图层为其他光照类型，则默认的命名序号再从 1 开始。如新建的灯光图层为"聚光"，则命名为"聚光 1"，以此类推。可在新建灯光层时，在"名称"栏中为灯光自定义命名。

● "强度"：设置灯光的强度，值越高灯光越亮。如果为负值则会产生吸光效果。若在场景中有其他灯光，那么当强度值为负值时会减弱场景中的光照强度，如图10.30所示。这是在环境光基础上添加"点光"，灯光强度为100%与-100%时的对比。

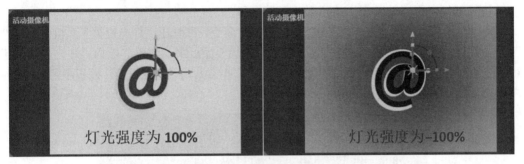

图10.30　灯光强度正负值对比

● "圆锥角"：仅对聚光灯起作用，用来调整聚光灯的光照范围，角度越大，光照范围越大，如图10.31所示。

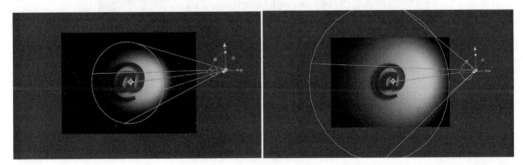

图10.31　聚光灯光照范围

● "锥角羽化"：仅对聚光灯起作用，用来调整聚光灯光照边缘的柔和程度，值越大，光照边缘越柔和。
● "颜色"：设置灯光的颜色，默认设置为白色。
● "投射阴影"：选中该复选框，灯光在场景中将产生投影；若不选中，则所有物体都将接受光照，不会产生阴影。
● "阴影深度"：控制投射阴影的颜色深度。只有在选中"投射阴影"复选框时才可以激活。输入的值越小，产生的阴影颜色越浅；输入的值越大，产生的阴影颜色越深，如图10.32所示。

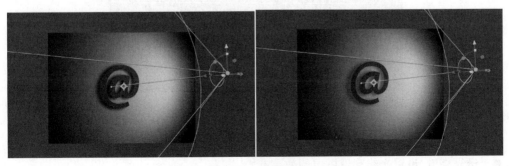

图10.32　阴影暗度

● "阴影扩散"：控制阴影边缘的柔和程度。只在聚光灯和点光模式下才起作用，而且需要选中"投射阴影"复选框才可以激活此选项。值越小，产生的阴影边缘越硬；值越大，产生的阴影边缘越柔和。此外还受到层之间距离的影响，距离越近，产生的阴影边缘越硬，距离越远产生的阴影边缘越柔和。

在菜单栏中单击"图层"→"新建"→"灯光"命令，在弹出"灯光设置"面板中单击"确定"按钮，创建的灯光将以层的形式显示在"时间轴"面板中，使用其中的"灯光选项"还可以对灯光类型与参数进行调整，如图 10.33 所示。这些参数与"灯光设置"面板中的参数相同，用户可以将参数的设置记录成动画。

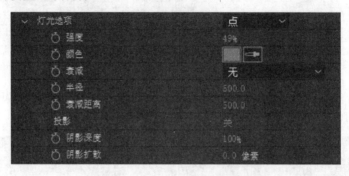

图 10.33　灯光参数设置

提示：

产生阴影效果的条件如下。

（1）投射阴影的图层和接受阴影的图层之间必须留有一定空间。

（2）必须有一个非环境光对准要投射阴影的图层和要接受阴影的图层，使它们都被照亮。

（3）灯光必须打开投射阴影开关。

（4）投射阴影的图层必须打开投射阴影开关。

（5）接受阴影的图层必须打开接受阴影开关。

10.3.3　三维图层灯光参数

当层的 3D 属性被激活时，层属性下会显示材质选项，如图 10.34 所示。

图 10.34　三维图层灯光参数

● "投影"：是否接受灯光为层投影。
● "透光率"：设置光线穿透图层的效果参数。

- "接受阴影"：是否接受来自其他层的阴影。
- "接受灯光"：是否接受灯光。
- "环境"：设置自然光。
- "漫射"：设置漫反射程度。
- "镜面强度"：设置镜面反射程度。
- "镜面反光度"：设置色彩化程度。
- "金属质感"：设置金属化程度。

提示1： 调整灯光与图层之间的角度，图层正面朝向源灯光可以获得最大限度的照明。

提示2： 图层的最终亮度=漫射+高光+环境光

10.4　三维倒影文字

三维倒影文字制作过程如下。

1）新建合成。设置预设为 PAL D1/DV 宽银幕方形像素，其他属性如图 10.35 所示，单击"确定"按钮。

三维倒影文字微课

三维倒影文字效果

图 10.35　新建合成设置

2）新建文字图层。打开字幕活动安全框，居中输入文字"WWW.51ZXW.NET"，设置字体、颜色，打开透明栅格 ，如图 10.36 所示。

3）制作地板。新建纯色层，"名称"命名为"地板"，"宽度"和"高度"分别设置为"2200"像素，"颜色"设置为深宝蓝色，如图 10.37 所示。打开"地板"图层三维属性开关，展开变换属性，设置"X 轴旋转"为"90°"。

图 10.36　文字图层设置

图 10.37　新建纯色层作为地板

4）制作背景。

（1）新建纯色层，命名为"BG"，单击"制作合成大小"，"颜色"设置为深宝蓝色。放置于"时间轴"面板的最底层。

（2）添加渐变特效。设置"起始颜色"为深宝蓝色，"结束颜色"为浅蓝色，调整"结束颜色"位置，如图 10.38 所示。

图 10.38　渐变背景颜色参数设置

5）建立摄像机。采用默认值即可。使用摄像机工具，调整摄像机位置、视角，效果如图 10.39 所示。

图 10.39 摄像机视图效果

6）制作地板上的网格。

（1）在"时间轴"面板中，按快捷键"Ctrl+D"，复制"地板"图层，重命名为"网格"。

（2）在"网格"图层上，添加"网格"特效。设置"大小依据"为"宽度滑块"，"宽度"设置为"116.0"，"边界"设置为"3.0"，效果如图 10.40 所示。

图 10.40 "网格"特效设置与效果

（3）更改"网格"图层混合模式为"叠加"，"不透明度"设置为"78%"，如图 10.41 所示。

图 10.41 网格图层设置

7）创建点光效果。

（1）新建灯光图层。"灯光类型"设置为"点"，颜色设置为"白色"，"强度"设置为"280%"，如图 10.42 所示。

（2）调整点光位置。分别切换到顶视图、前视图和左视图，调整点光位置，效果如图 10.43 所示。

8）建立环境光。新建灯光图层。"灯光类型"设置为"环境"，"颜色"设置为"白色"，"强度"设置为"40%"，如图 10.44 所示，效果如图 10.45 所示。

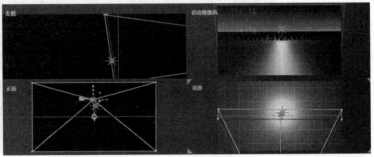

图 10.42　点光参数设置　　　　　　　　　图 10.43　点光位置设置

图 10.44　灯光参数设置　　　　　　　　　图 10.45　环境光效果

9）调整"地板"图层质感选项。

选中"地板"图层，连续两次按"A"键，展开"地板"质感选项。设置"金属质感"为60%，"漫射"为100%，效果如图 10.46 所示。

图 10.46　地板"金属质感"效果

提示："质感"指调整图层高光区域色彩,越接近 0,高光区域越接近灯光色彩,越接近 100,高光色彩越接近图层色彩。

10)制作文字倒影。

(1)预合成文字图层。进入该合成。

(2)在"时间轴"面板中,按快捷键"Ctrl+D",复制文字图层。

(3)修改复制出的文字图层的缩放属性值。取消缩放属性前面的约束比例 🔗,将缩放的 Y 轴值改为-100,如图 10.47 所示。

图 10.47 Y 轴值为-100 的文字倒影效果

(4)在复制出的文字图层上添加"线性擦除"特效,设置参数"擦除完成"为 45,"擦除角度"为 0,"羽化"为 45,如图 10.48 所示。

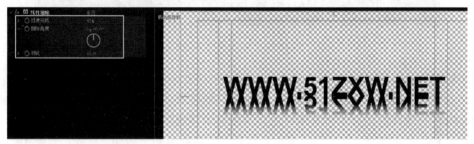

图 10.48 "线性擦除"特效

(5)添加复合模糊效果。

新建纯色层,添加"梯度渐变"特效,设置"起始颜色"为黑色,"结束颜色"为白色。调整"渐变起点"到倒影的上边缘,"渐变终点"到倒影的下边缘,可以参照倒影图层调整,如图 10.49 所示。预合成渐变图层。

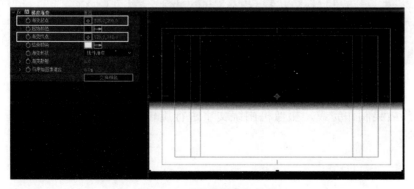

图 10.49 "梯度渐变"特效

（6）在文字倒影图层上，添加"复合模糊"特效。设置"模糊图层"为预合成的渐变图层，最大模糊值为4.0，关闭预合成的渐变图层的显示开关，如图10.50所示。

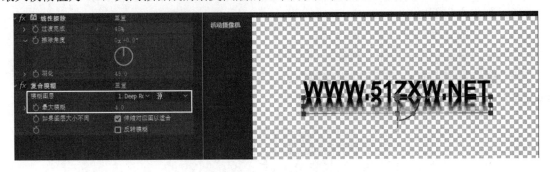

图10.50 "模糊图层"倒影效果

（7）切换回"合成 1"，打开预合成文字图层的三维属性开关，在该图层和"网格"图层之间，添加调整图层，命名为"调节层"。调节层可以让倒影显示在地板的上面，如图10.51所示。

图10.51 添加"调节层"

11）制作摄像机动画。

（1）展开摄像机图层"位置"属性，在0秒0帧位置，单击"位置"属性前面的码表。

（2）将时间指针移动到4秒0帧位置，使用轨道摄像机工具，适当旋转。

（3）选中两个关键帧，鼠标右键单击，选择"关键帧辅助→缓动"命令，如图10.52所示。

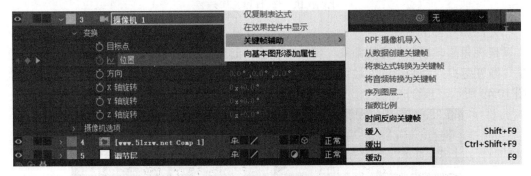

图10.52 关键帧"缓动"设置

12）最终效果制作完成，摄像机围绕文字进行旋转，由斜侧面转到接近正面的角度，如图10.53所示。

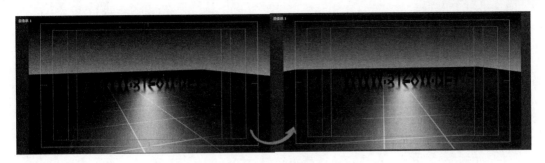

图 10.53 摄像机围绕文字

本章小结

在三维空间中，X 轴、Y 轴和 Z 轴构成了具有宽度、高度和深度的三维空间，虽然 After Effects CC 2021 不像三维软件那样有建模功能，但通过三个维度的空间位置表现，以及强大的摄像机功能和灯光效果，能够模仿现实世界中的透视、光影效果，给人以身临其境的三维空间感，表现出较强的视觉冲击。

课后拓展练习

根据提供的图片素材，运用三维图层操作、摄像机动画、色阶特效制作 Night Sky（夜空）动画。制作思路：①搭建场景（三维图层操作）；②摄像机动画；③光效合成，如图 10.54 所示。

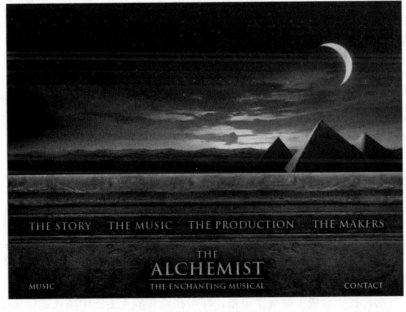

摄像机场景动画微课

摄像机场景动画效果

图 10.54 摄像机场景动画

第11章

文字动画

在视频中，文字不仅具有说明、介绍的作用，还能用来制作绚丽的文字动画来丰富视频画面，吸引人们的眼球。本章主要讲解 After Effects CC 2021 中文字层的创建与编辑，以及文字层中"动画制作工具"的运用。

教学目标与要点：

❖ 文字层的创建方法
❖ 文字层的编辑方法
❖ 文字层的动画制作方法

11.1 文字的创建与设置

After Effects CC 2021 提供了较完整的文字功能，可为文字进行较为专业的处理，利用"横排文字工具"和"竖排文字工具"可以直接在"合成"面板中输入文字，并通过"文字"面板、"段落"面板对文字的大小、字体、颜色等属性进行更改。

11.1.1 创建文字

在 After Effects CC 2021 中，用户可以通过文本工具创建点文本和段落文本。点文本是指每一行文字都是独立的，在对文本进行编辑时，文本行的长度会随时发生变化，但是不会因此与下一行文本重叠。而段落文本与点文本区别就是，段落文本可以自动换行。本节将以点文本为例介绍创建文字的具体操作步骤。

（1）选择文字工具后，在"合成"面板中单击，即可在"合成"面板中插入光标，在"时间轴"面板中新建一个文字图层，如图 11.1 所示。

图 11.1 新建文字图层

（2）输入文字，然后在"时间轴"面板中单击文字层，文字层的名称将由输入的文字代替，如图 11.2 所示。使用层创建文本时，在"时间轴"面板的空白区域右键单击，在弹出的快捷菜单中选择"新建"→"文本"命令，如图 11.3 所示。此时在"合成"面板中自动弹出输入光标，可以直接输入文字，该图层名将由输入的文字替代。

影视剪辑

图 11.2 输入文字后的效果

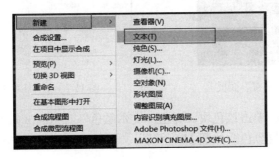

图 11.3 选择"文本"命令

11.1.2 修改文字

创建文字后，还可以用 Photoshop 等平面软件进行编辑。在"合成"面板中使用文字工具，将鼠标指针移至要修改的文字上，按住鼠标左键拖动，框选要修改的文字，然后进行编辑。被选中的文字会显示浅红色底纹，如图 11.4 所示。

用户可以在菜单栏中选择"窗口"→"字符"命令，或按快捷键"Ctrl+6"调出"字符"面板，如图 11.5 所示。选择文字后，可以在"字符"面板中改变文字的字体、颜色、边宽等选项，如图 11.6 所示。

图 11.4　选择文本　　　　　　　　　　图 11.5　选择"字符"命令

"字符"面板中各个选项的作用如下。

● 字体 黑体 ：用于设置文字的字体。单击字体右侧的下箭头按钮，在打开的下拉列表框中提供了计算机系统中安装的所有字体，如图 11.7 所示。

图 11.6　"字符"面板

图 11.7　字体下拉列表

● 填充颜色选区 ：单击该色块，弹出"文本颜色"对话框，如图 11.8 所示。在对话框中即可为字体设置颜色，如图 11.9 所示。

图 11.8　"文本颜色"对话框

● 吸管工具 ：可以在图像中的任意位置单击吸取颜色。单击黑白色块可以将文字直接
设置为黑色或白色。

图 11.9　设置文本颜色

● 描边颜色 ：单击该色块也会弹出"文本颜色"对话框，选择某种颜色后即可为文字
添加或更改描边颜色，如图 11.10 所示。

图 11.10　调整描边填充颜色的效果

● 设置字体大小 ：可以直接输入数值，也可以单击其右侧下拉按钮，选择预设字体大
小，如图 11.11 所示为字体大小不同时的效果。

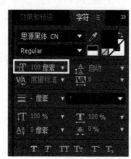

图 11.11　不同字体大小的效果

● 设置行距 ：用于设置行与行之间的距离，数值越小，行与行之间的距离越近。
● 设置两个字符间的字偶间距 ：用于设置文字之间的距离。
● 设置所选字符的字符间距 ：该选项也用于设置文字之间的距离。区别在于"设置两
个字符间的字偶间距"需要将光标放置在要调整的两个文字之间，而"设置所选字符
的字符间距"是调整选中文字层中所有文字之间的距离，如图 11.12 所示为不同字符间
距的效果。

图 11.12　不同字符间距的效果

● 设置描边宽度 ▤：用于设置文字描边的宽度。在其右侧的下拉列表框中可以选择不同的选项来设置描边与填充色之间的关系，其中包括"在描边上填充""在填充上描边""全部填充在全部描边之上""全部描边在全部填充之上"，如图 11.13 所示为不同描边宽度时的效果。

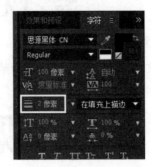 

图 11.13　不同描边宽度时的效果

● 垂直缩放 ᴵᵀ 与水平缩放 T：分别用于设置文字的高度和宽度。
● 设置基线偏移 Aᵃ：用于修改文字基线，改变文字位置。
● 设置所选字符的比例间距 ᵃ：该选项用于对文字进行挤压。
● 仿粗体 T：单击该按钮后，即可对选中的文本进行加粗。
● 仿斜体 T：单击该按钮后，选中的文本将会倾斜，效果如图 11.14 所示。
● 全部大写字母 TT：该按钮可以将选中的英文字母全部都以大写的形式显示，效果如图 11.15 所示。
● 小型大写字母 Tᴛ：单击该按钮后，可以将选中的英文字母以小型的大写字母的形式显示，效果如图 11.16 所示。

图 11.14　仿斜体　　　　　图 11.15　全部大写字母的效果　　　图 11.16　小型大写字母的效果

● 上标 Tᵗ、下标 Tₜ：单击该按钮后，即可将选中的文本变为上标或下标。

提示： 在 After Effects CC 2021 中选择文本工具，在"合成"面板中通过按住鼠标左键进行拖动，即可创建一个输入框，用于创建段落文本，通过"段落"面板可以对段落文本进行相应设置。

11.2　文字动画实例

11.2.1　时码动画

时码动画制作过程如下。

（1）新建一个宽度为"720px"、高度为"402px"，像素长宽比为"D1/DV PAL（1.09）"

的合成，将其命名为"时码动画"，如图 11.17 所示。

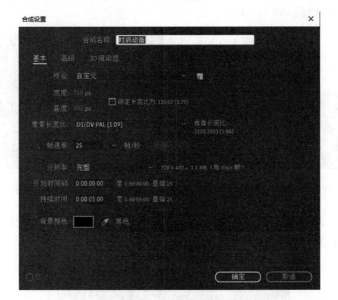

时码动画微课

时码动画效果

图 11.17 新建合成

（2）在菜单栏中选择"图层"→"新建"→"纯色..."命令，建立一个纯色层，图层颜色为默认，将层重命名为"红色 纯色 1"，如图 11.18 所示。在弹出的"纯色设置"对话框中，设置参数如图 11.19 所示。

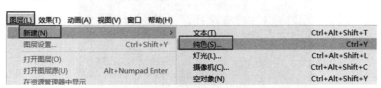

图 11.18 新建纯色图层

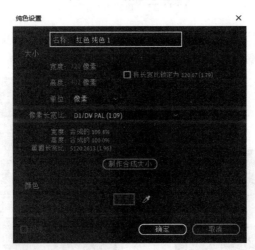

图 11.19 纯色设置

（3）在"效果和预设"面板中搜索"梯度渐变"，将"梯度渐变"效果拖曳至"红色 纯色

1"图层中，如图 11.20 所示。将"梯度渐变"效果的"起始颜色"设置为浅蓝色，"结束颜色"设置为深蓝色，其余参数如图 11.21 所示。

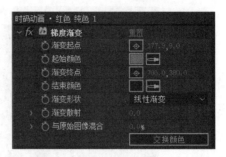

图 11.20　搜索"梯度渐变"效果　　　　　图 11.21　"梯度渐变"颜色设置

（4）在菜单栏中选择"图层"→"新建"→"纯色…"命令，建立一个纯色层，图层颜色为默认，将层重命名为"黑色 纯色 1"，如图 11.22 所示。

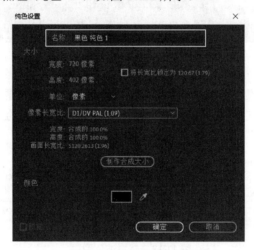

图 11.22　新建纯色层

（5）在"效果和预设"面板中搜索"编号"，将"编号"效果拖曳至"黑色 纯色 1"图层中，如图 11.23 所示。将"编号"效果中的"填充颜色"设置为黄色，其余参数如图 11.24 所示。

图 11.23　搜索"编号"效果　　　　　图 11.24　"编号"参数设置

（6）在"效果和预设"面板搜索"斜面 Alpha"，将"斜面 Alpha"效果拖曳至"黑色 纯色 1"图层中，如图 11.25 所示。调节"斜面 Alpha"效果参数，如图 11.26 所示。

图 11.25　搜索"斜面 Alpha"　　　　图 11.26　"斜面 Alpha"效果参数

（7）在"效果和预设"面板搜索"投影"，将"投影"效果拖曳至"黑色 纯色 1"图层中，如图 11.27 所示。调节"投影"效果参数，如图 11.28 所示。

图 11.27　搜索"投影"效果　　　　图 11.28　"投影"效果参数设置

（8）时码动画效果完成，如图 11.29 所示。

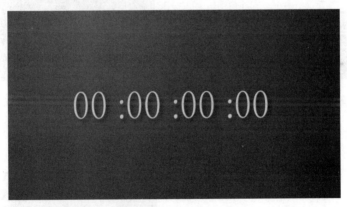

图 11.29　时码动画效果

11.2.2　炫光文字

炫光文字制作过程如下。

（1）新建一个宽度为"720px"、高度为"402px"，像素长宽比为"D1/DV PAL（1.09）"的合成，将其命名为"炫光文字"，如图 11.30 所示。

（2）在菜单栏中选择"图层"→"新建"→"纯色…"命令，建立一个纯色层，图层颜色为白色，将图层重命名为"白色 纯色 1"，如图 11.31 所示。

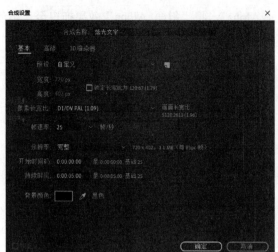

炫光文字微课

炫光文字效果

图 11.30　新建合成　　　　　　　　图 11.31　新建纯色层

（3）在"效果和预设"面板搜索"四色渐变"，将"四色渐变"效果拖曳至"白色 纯色 1"图层中，如图 11.32 所示。几个颜色"R""G""B"的参数与位置参数设置如图 11.33 所示。

图 11.32　搜索"四色渐变"效果　　　图 11.33　"四色渐变"效果参数设置

（4）在"效果和预设"面板搜索"曲线"，将"曲线"效果拖曳至"白色 纯色 1"图层中，如图 11.34 所示，效果参数设置如图 11.35 所示。

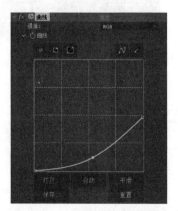

图 11.34　搜索"曲线"效果　　　图 11.35　"曲线"效果设置

（5）选择"图层"→"新建"→"文本"命令，并在"合成"面板中输入文字"AFTER EFFECTS CC2020"，在"字符"面板设置相对应的参数，如图 11.36 所示。将文字对齐到屏幕中心，文字效果如图 11.37 所示。

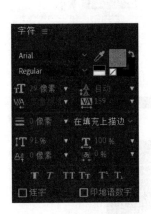

图 11.36 "字符"参数设置

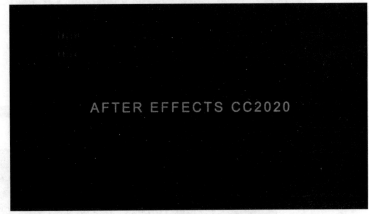

图 11.37 文字效果

（6）展开"时间轴"面板中文字图层，单击文字图层下面的"文本"选项，找到"动画"选项单击右侧箭头，添加"缩放"属性，如图 11.38 所示。将添加的缩放属性参数设置为"2000.0,2000.0%"，如图 11.39 所示。

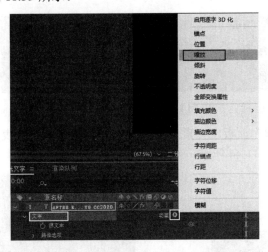

图 11.38 给文字图层添加"缩放"属性

图 11.39 "缩放"参数设置

（7）选择文字图层下面的"动画制作工具 1"右侧的"添加"选项，单击右侧箭头按钮，依次添加"属性"中的"旋转""不透明度"和"填充颜色"中的"色相"属性，如图 11.40 所示。把新添加的属性"旋转"设置为"1x+0.0°"，"不透明度"设置为"0%"，"填充色相"设置为"1x+0.0°"，如图 11.41 所示。

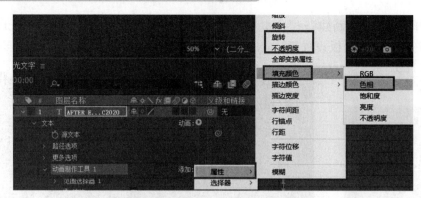

图 11.40 给文字添加"色相"属性

图 11.41 "色相"参数设置

（8）展开"动画制作工具 1"中的"范围选择器 1"选项，在"起始"选项中做关键帧动画。0 秒 0 帧时将"起始"属性设置为"0"，2 秒时将"起始"属性设置为"100"，如图 11.42 所示。

图 11.42 "关键帧"设置

（9）在"效果和预设"面板中搜索"发光"，将"发光"效果拖曳至文字层中，如图 11.43 所示，效果参数设置如图 11.44 所示。

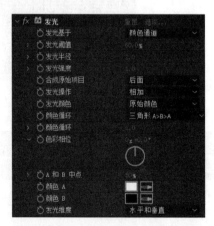

图 11.43 搜索"发光"效果　　　　图 11.44 "发光"效果参数设置

（10）选中文字层，打开运动模糊总开关与层开关，如图 11.45 所示。

图 11.45　打开运动模糊总开关与层开关

（11）展开文字图层中的"更多选项"，将"分组对齐"Y 轴的参数设置为"-40.0%"，如图 11.46 所示。可以使生成的炫光更加集中，这时炫光文字案例制作完成，效果如图 11.47 所示。

图 11.46　"分组对齐"参数设置

图 11.47　炫光效果

本章小结

文字、画面和声音是一个影视作品中的三大语言，好的文字效果能够为影视作品增添光彩，增强作品的美观性，文字动画和文字特效在影视后期制作中起着举足轻重的作用。本章重点讲解文字的设置方法及文字层动画的原理与用法，用两个有针对性的文字效果实例进一步巩固文字效果与文字动画的制作。

课后拓展练习

利用文字层的动画制作工具和"残影""镜头光晕"等特效制作舞动文字效果。制作思路：①制作文字动画；②添加"残影"特效，实现拖尾效果；③加"镜头光晕"，制作光效动画与文字动画保持一致，如图 11.48 所示。

图 11.48　炫光效果

舞动文字微课

舞动文字效果

第*12*章

<<<<<<

颜色校正与抠像特效

在后期制作中，经常需要对视频颜色进行调整，而色彩的调整主要是通过改变图像的明暗、对比度、饱和度及色相等实现的。控制影片的色彩信息，可以制作出更加理想的视频画面效果，抠像（键控）是一种对输出进行整合的手段，在后期合成中具有非常重要的地位。本章主要讲解常用抠像特效，以及 Keylight、色阶、曲线、色相位与饱和度等调色特效。

➡ 教学目标与要点：

❖ 理解常用内置抠像特效与 Keylight 的用法
❖ 理解色相/饱和度、色阶、曲线颜色校正特效的用法
❖ 掌握抠像特效与颜色校正特效的综合应用

12.1 抠像特效概述

抠像的意思就是在画面中选取一个关键的色彩使其透明，这样就可以很容易地将画面中的主题提取出来，形成二层画面的叠加合成。例如在室内拍摄的人物经抠像后能与各种景物叠加在一起，形成各种各样神奇的效果。

根据原理和用途，抠像分为三大类：二元键出、线性键出和高级键出。

二元键出：颜色键、亮度键。

线性键出：线性颜色键、提取、差值遮罩。

高级键出：颜色范围、颜色差值键、内部/外部键。

12.1.1 二元键出

二元键出用于处理比较简单的抠像。它只能产生透明和不透明效果，对于半透明效果的抠像效果不佳，适合前期拍摄质量较好的高质量视频（有明确的边缘，背景平整且颜色无太大变化）。

（1）"颜色键"

通过颜色信息进行抠像，如图12.1所示。

● "主色"：键出颜色，选择将要被抠掉的颜色，默认情况下是蓝屏的标准色。

● "颜色容差"：键出色容差值，用于调整多少近似颜色被抠掉。

● "薄化边缘"：将边界扩展或者收缩，正值为收缩边界，负值为扩展边界。

● "羽化边缘"：边缘羽化程度设置。

（2）"亮度键"

通过明度信息进行抠像，适合图像对比度和明度差异比较大的情况，如图12.2所示。

图12.1　"颜色键"设置　　　　　　　　图12.2　"亮度键"设置

● 键控类型：抠像模式选择，其中包括亮部抠出（抠掉比指定值更亮的像素）、暗部抠出（抠掉比指定值更暗的像素）、抠出相似区域（抠出指定宽容度范围以内的像素）及抠出非相似像素（抠掉指定宽容度范围外的像素）。

● "阈值"：指定键出的亮度值。

● "容差"：指定键出的亮度的容差值。

● "薄化边缘"：将边界进行扩展或者收缩的操作。

● "羽化边缘"：边界羽化程度控制。

12.1.2　线性键出

将键出色与画面颜色进行比较，两者完全相同则抠掉变为透明，完全不同则变为不透明，介于其中的颜色就可以产生半透明效果。它对于烟雾、玻璃之类更为细腻的半透明抠像并不适用。

（1）"线性颜色键"

通过RGB、色相、浓度信息进行键出抠像，如图12.3所示。

● ▮：从缩略图或者合成预览窗口中吸取键出色。

● ▮：增加键出颜色范围。

● ▮：减少键出颜色范围。

● "主色"：键出颜色的选择。

● "匹配颜色"：指定匹配方式。

● "匹配容差"：匹配容差值，值越高被抠掉的像素就越多。

● "匹配柔和度"：可以调节透明区域与不透明区域之间的羽化程度。

● "主要操作"：指定键出色是被抠掉还是保留。

（2）"提取"

通过指定一个亮度范围来进行抠像，产生透明区域。常在前景对象与背景明暗对比非常强烈的情况下使用，如图12.4所示。

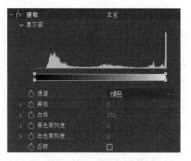

图 12.3　"线性颜色键"　　　　　　　　　　图 12.4　"提取"

- "直方图"：显示画面中亮度分布级别及每个级别上的像素量，横坐标从左到右代表像素从最暗到最亮的状况，纵坐标代表像素。下面的控制条用来控制键出像素的范围，覆盖区域为不透明区域，其他区域为透明区域。黑色柔和度、白色柔和度可以使控制条呈现梯形形状，代表羽化抠像边缘的程度。
- "通道"：用于选择基于哪种通道操作。
- "黑场"：设置黑点，此亮度值以下的像素都被抠掉。
- "白场"：设置白点，此亮度值以上的像素都被抠掉。
- "黑色柔和度"：设置暗部区域的抠像羽化程度。
- "白色柔和度"：设置亮部区域的抠像羽化程度。
- "反转"：反转蒙版，即反转抠像结果。

（3）"差值遮罩"

在源层与对比层进行比较后，将源层中的位置和颜色与对比度相似的像素键出，实现抠像处理，如图 12.5 所示。

图 12.5　"差值遮罩"

- "视图"：合成预览窗口视图选项中包括"最终输出""只有来源""只有蒙版"。
- "差值图层"：选择对比层，即用于键出比较静止的背景层。
- "如果图层大小不同"：如果对比层的尺寸与当前层不同，则进行相应处理。其中"居中"代表居中处理，"伸展以适应"代表拉伸到同样尺寸处理。
- "匹配容差"：控制键出像素的宽容度，设置的值越高，越多的像素被扣掉，画面将变得透明。
- "匹配柔和度"：调节匹配柔和羽化程度，调节透明区域与不透明区域的柔和羽化程度。
- "差值前模糊"：在进行匹配对比前，对画面进行模糊处理，清除图像中影响判断的杂点。

12.1.3　高级键出

适合复杂的抠像操作，尤其是对于透明、半透明的物体抠像，即使实际拍摄时背景不够平整、蓝屏或者绿屏亮度分布不均匀带有阴影等情况，都能得到不错的抠像效果。

（1）"颜色范围"

通过在"Lab"，"YUV"，或者"RGB"等不同的"颜色空间"中，定义键出的颜色范围，实现抠像效果。常用于前景对象与抠像背景颜色分量相差较大且背景颜色不单一的情况，如图 12.6 所示。

- 　：从合成预览窗口中，选取键出色，如蓝屏或者绿屏颜色。
- 　：增加键出颜色。
- 　：减少键出颜色。
- "模糊"：对边界进行柔和模糊处理。
- "色彩空间"：指定色彩空间模式，包括"Lab"模式、"YUV"（分量）模式、"RGB"（红绿蓝）模式。
- "最小值" / "最大值"：精确指定颜色范围的起始和结束，其中"（L，Y，R）"控制指定颜色空间的第 1 个分量；"（a，U，G）"控制指定颜色空间的第 2 个分量；"（b，V，B）"控制指定颜色空间的第 3 个分量；最小值控制颜色范围的开始，最大值控制颜色范围的结束。

（2）"颜色差值键"

对画面中两个不同颜色进行键控抠像，形成两个蒙版：蒙版 A 和蒙版 B，其中，蒙版 A 是键出色之外的蒙版区域，蒙版 B 是键出色区域。将这两个蒙版组合可以得到第 3 个蒙版，也就是最终起抠像作用的 Alpha 蒙版，如图 12.7 所示。

图 12.6　颜色范围

图 12.7　颜色差值键

- 　：从原始缩略图中吸取键出色。
- 　：从蒙版缩略图中指定透明区域。
- 　：从蒙版缩略图中指定不透明区域。
- "视图"：决定在合成预览窗口中显示什么信息。
- "主色"：键出颜色，选择将要被抠掉的颜色，默认情况下是蓝屏的标准色。
- "颜色匹配准确度"：色彩匹配精度选择。其中"更快"是较快模式，"更准确"是更精确模式。

- "黑色区域的 A 部分"：蒙版 A 的暗部色阶控制，此值以下的像素都为黑色。
- "白色区域的 A 部分"：蒙版 A 的亮部色阶控制，此值以上的像素都为白色。
- "A 部分的灰度系数"：蒙版 A 的伽马控制，整体调整画面亮度，大于 1 为增亮画面，小于 1 为减暗画面。
- "黑色区域外的 A 部分"：蒙版 A 暗部对比度调整。
- "白色区域外的 A 部分"：蒙版 A 亮部对比度调整。
- "黑色的部分 B"：蒙版 B 的暗部色阶控制，此值以下的像素都为黑色。
- "白色区域中的 B 部分"：蒙版 B 的亮部色阶控制，此值以上的像素都为白色。
- "B 部分的灰度系数"：蒙版 B 的伽马控制，整体调整画面亮度，大于 1 为增亮画面，小于 1 为减暗画面。
- "黑色区域外的 B 部分"：蒙版 B 暗部对比度调整。
- "白色区域外的 B 部分"：蒙版 B 亮部对比度调整。
- "黑色遮罩"：Alpha 通道的暗部色阶控制，此值以下的像素都为黑色。
- "白色遮罩"：Alpha 通道的亮部色阶控制，此值以上的像素都为白色。
- "遮罩灰度系数"：Alpha 通道的伽马控制，整体调整画面亮度，大于 1 为增亮画面，小于 1 为减暗画面。

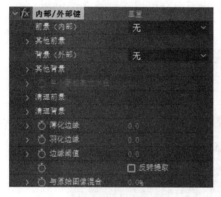

图 12.8 "内部/外部键"

（3）"内部/外部键"

"内部/外部键"有点类似于 Photoshop 中的抽取滤镜，特别适合用于毛发的抠像。使用"内部/外部键"抠像需要绘制两个蒙版，一个蒙版用于定义键出范围内的边缘；另一个蒙版用于定义键出范围外的边缘，然后根据内外蒙版间的像素比较，实现抠像目的，如图 12.8 所示。

- "前景（内部）"：指定前景蒙版，即内边缘路径，定义保留的像素范围。
- "其他前景"：对于复杂的抠像可能指定多个前景，多个保留区域，也就意味着要绘制更多的蒙版路径。
- "背景（外部）"：指定背景蒙版，即外边缘路径，定义将被抠掉的像素范围。
- "其他背景"：此处可以指定多个将被抠掉的背景区域。绘制多个蒙版路径，然后在这里的下拉式菜单中选择。
- "单个蒙版高光半径"：当仅使用一个遮罩路径时，该选项被激活。通过调整其参数，可以沿一个遮罩路径进行扩展，实现抠像。
- "清理前景"：根据下拉式菜单中选择的蒙版路径来清除前景色，以显示背景。它可以指定多个蒙版路径，并可通过"画笔半径"控制路径边缘笔刷大小，通过画笔压力控制笔刷压力，数值越高，清除效果越明显。
- "清理背景"：根据下拉式菜单中选择的蒙版路径来清除背景。它可以指定多个蒙版路径，并可通过"画笔半径"控制路径边缘笔刷大小，通过画笔压力控制笔刷压力，数值越高，清除效果越明显。
- "薄化边缘"：用于边界扩充或者收缩，正值为收缩，负值为扩充。
- "羽化边缘"：用于边界羽化设置。

- "边缘阈值"：用于控制边界阈值。
- "反转提取"：反转键出区域。
- "与原始图像混合"：与源图层画面融合设置。

12.1.4　Keylight

Keylight 的参数设置如图 12.9 所示。

- "查看"：用来设置查看最终效果的方式，在其下拉菜单中提供了 11 种查看方式，但最为常用的为"状态"、"最终结果"和"中间结果"三种。
  - ➢ "状态"：这是一种放大的查看方式，以至于比较小的问题都可以看得清楚。改善合成时，可获得更加精确的信息。黑色区域表明在最终效果中是纯背景，白色区域表明此区域是纯前景。灰色区域表明在最终效果中是前景和背景的混合。前景周围有灰色像素，可以得到较好的效果。如果最终效果应该是纯背景的区域是灰色，我们应该尽量使之变成黑色，通过"屏幕增益"修剪黑色，用"外部遮罩"来解决。如果在最终效果应该是纯前景的区域是灰色，应该尽量使之变成白色，通过修剪白色，用"内部遮罩"来解决。背景和前景混合将显示为灰色。
  - ➢ "最终结果"：渲染前景合成背景的效果，所有蒙版、溢出及颜色校正。
  - ➢ "中间结果"：查看最终效果不包含反溢出、色彩校正效果。
- "屏幕颜色"：拾取色的色相和饱和度与原色进行比较。
- "屏幕增益"：抠像以后，用于调整 Alpha 暗部区域的细节。
- "屏幕平衡"：改善边缘问题。一般来说蓝屏用 95%，绿屏用 50%会得到比较好的键控效果。如果键控效果不佳可以设置为 50 以寻找最佳效果。
- "溢出偏差与 Alpha 偏差"：这两者经常锁定，一般拾取主体肤色。常用于解决边缘问题，特别是毛发边缘。前景可以自动防溢出，我们经常需要抽出更多的屏幕色。如果一些镜头不是真正的蓝或绿，使用 Alpha 偏差就能获得好的键控效果。
- "屏幕预模糊"：对素材进行蒙版操作前，首先对画面进行轻微的模糊处理，这种预模糊的处理方式可以降低画面的噪点效果。
- "屏幕遮罩"：根据拾取色渲染蒙版。其中包括"剪辑黑色""剪辑白色""屏幕收缩/增长""屏幕黑色污点/屏幕白色污点"等选项。
  - ➢ "剪辑黑色"：Alpha 值比此值低的变成 0，将把比指定值低的都变成黑色。
  - ➢ "剪辑白色"：Alpha 值比此值高的变成 100，把比指定值高的都变成白色。注意利用信息面板进行观察和分析。小心操作，如果操作过度可以通过修剪回滚来弥补。
  - ➢ "屏幕收缩/增长"：不常用，腐蚀 Alpha 边缘。但可用于内测蒙版中。
  - ➢ "屏幕独占黑色与屏幕独占白色"：凝结相似区域，白色蒙版中的黑色斑点能被周围的白色区域所吸收，增加屏幕黑色污点可以移除白色蒙版中的黑点。
- "替换方式"：可以去除边缘。
- "内部遮罩"：将遮罩内的部分隔离出来，使其不参与抠像处理。
- "外部遮罩"：遮罩内的部分变成透明。用来移除屏幕中颜色不均匀的部分或者素材的灯光设备，如图 12.9 所示。

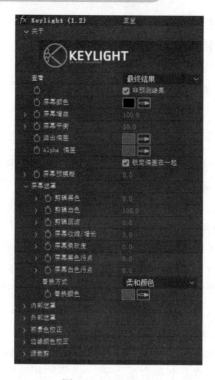

图 12.9　　Keylight

12.2　调色特效

基本调色内置特效

（1）"色阶"与"直方图"

直方图就是用图像的方式显示视频的影调构成。一个 8bit 通道的灰度图像可以显示 256
个灰度级，所以灰度级也表示画面的亮度层次。对于彩色图像来说，我们可以将彩色图像的"R"
"G""B"通道分别用 8bit 通道的黑白影调层次来表示，而这 3 个颜色通道共同构成了亮度通
道。而对于带 Alpha 通道的图像我们就可以用 4 个通道来表示图像信息，也就是我们通常说的
RGB+ Alpha 通道，如图 12.10 所示。

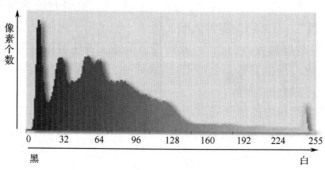

图 12.10　直方图

直方图表示了在黑与白的 256 个灰度级中，每个灰度级在视频中有多少个像素。从图上我们可以直观地发现整个画面偏暗，所以在直方图中可以看见画面的绝大部分的像素都集中在 0～128 级别之中，其中 0 表示纯黑，255 表示纯白。

通过直方图我们可以很容易地看出视频画面的影调分布，比如一张照片中有大面积的画面是偏亮的，那么我们可以想象在它的直方图的右边肯定分布了好多峰状波形，如图 12.11 所示。而如果一张照片中大面积的影调是偏暗的，那么它的直方图的左边肯定分布了好多峰状的波形，如图 12.12 所示。

图 12.11　画面偏亮时直方图效果

图 12.12　画面偏暗时直方图效果

最重要的是，直方图显示了画面上阴影和高光的位置，为我们寻找高光和阴影提供了视觉线索。除此之外，我们还可以通过直方图很方便地辨别出视频的画质，假如我们发现直方图的顶部被平切了，这就说明，视频的一部分高光或者阴影已经由于各种原因损失掉，并且这种损失掉的画质是不可挽回的。如果我们发现直方图的中间出现了缺口，那么这就显示了画面之前已经经过了多次的操作，画质受到了严重的损失，如图 12.13 所示。而画质好的画面其直方图的顶部过度应该比较平滑。

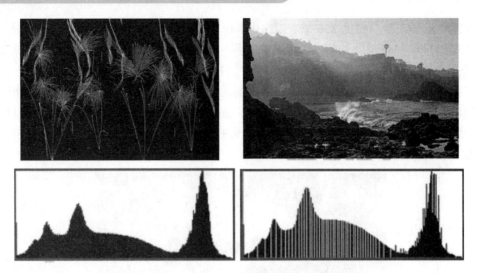

图 12.13　画质损失时直方图效果

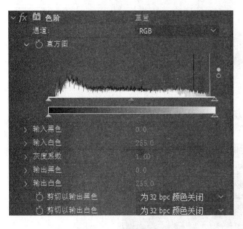

图 12.14　"色阶"

"色阶"可以将原始图像的色彩通道或者 Alpha 通道映射到一个新的输出通道上，该输出通道可以将原始通道的亮度、色彩与透明信息重新定义，如图 12.14 所示。

"通道"：制定色阶要修改的通道。可以分别对"RGB""R""G""B""Alpha"通道进行单独的色阶调整。

"输入黑色"：对输入图像（即源图像）的纯黑色进行调整，该参数定义低于指定数值的像素都为纯黑，比如改数值设置为 30.0，则源图像中低于 30.0 的亮度都为纯黑色。改数值对应直方图左上角的三角滑块，也可以使用该三角滑块直接调整。

"输入白色"：对输入图像的纯白色部分进行调整，该参数定义高于指定数值的像素都为纯白，比如改数值为 200.0，则源图像中高于 200.0 的亮度都为纯白，改数值对应直方图右上角的三角滑块。

"灰度系数"：对图像亮度进行整体调整，偏亮或偏暗，改数值对应直方图中间的三角滑块。

"输出黑色"：对图像输出通道的纯黑部分进行调整，该参数定义输入图像的纯黑部分输出为多少。若改数值为 30.0，则图像纯黑的位置也有 30.0 的亮度。改数值对应直方图左下角的三角滑块。

"输出白色"：对图像输出通道的纯白部分进行调整，该参数定义输入图像的纯白部分输出为多少。若改数值为 200.0，则图像纯白的位置也有 200.0 的亮度。改数值对应直方图右下角的三角滑块。若输出黑为 30.0，输出白为 200.0，则定义输入通道图像的亮度范围不再是 0.0～255.0，而是 30.0～200.0，即失去了画面亮度层次。在调整如夜色等低对比度图像时可以使用这两个参数，如图12.15所示。

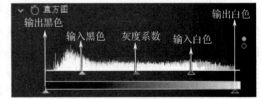

图 12.15　直方图系数说明

（2）"曲线"

通过坐标和绘制曲线的方式调整图像的色调。如图 12.16 所示。

在横向从左往右的意味着 0～255 个级别的亮度输入，纵向从下往上意味着从 0～255 个级别的亮度输出。通过曲线可以直接对当前选择通道的某个特定亮度进行明暗调整。如果调整"RGB"通道，就会修改图像的亮度；如果分别调整"R""G""B"通道，则会修改图像的红、绿、蓝色通道的亮度，修改色彩通道亮度也就修改了色彩；如果调整"Alpha"通道的亮度，则修改图像的透明度。

- 曲线工具（ ）：可以在曲线上添加节点，并移动节点进行画面色调的调整；如果要删除节点，只需将节点移出曲线图。
- 铅笔工具（ ）：可以在坐标图上随意绘制曲线。
- 打开曲线（ 打开... ）：置入以前保存的曲线调整参数，也可以打开 Photoshop 中使用的曲线数据。
- 保存曲线（ 保存... ）：可以将当前色调调整曲线存储起来，便于以后重复使用，保存的色调调整曲线文件还可以在 Photoshop 中使用。
- 平滑曲线（ 平滑 ）：可以方便地平滑曲线。
- 重置曲线（ 重置 ）：将曲线恢复成默认的直线状态。

单击曲线可以添加控制点，可以添加多个控制点来精确控制图像，随时设置参数。拖曳控制点到曲线外部可以删除控制点。

将控制点上移则该控制点位置的图像亮度变亮，下移图像则变暗。利用曲线可以设置图像中某特定亮度的像素变亮或变暗，从而达到精确控制图像亮度的目的。

（3）"色相/饱和度"

调整图像中单个颜色分量的主色调、主饱和度和主亮度，特效参数如图 12.17 所示。

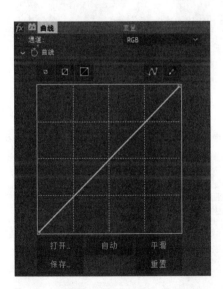

图 12.16 "曲线"

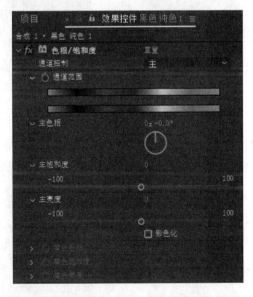

图 12.17 "色相/饱和度"特效参数

- "通道控制"：用于设置颜色通道。如果设置为"主"，将对所有颜色通道应用效果，选择其他选项，则对相应的颜色通道应用效果。

- "通道范围"：控制所调节的颜色通道范围。两个色条表示其在色轮上的顺序，上面的色条表示调节前的颜色，下面的色条表示在全饱和度下调整后的颜色。
- "主色相"：控制所调节的颜色通道的色调。利用颜色控制轮盘改变总的色调，设置参数前后的效果如图 12.18 所示。

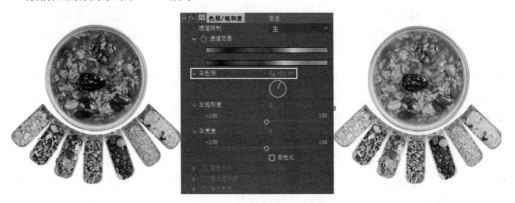

图 12.18　调整"主色相"参数前后的效果

- "主饱和度"：用于控制所调节的颜色通道的饱和度，设置该参数前后的效果如图 12.19 所示。

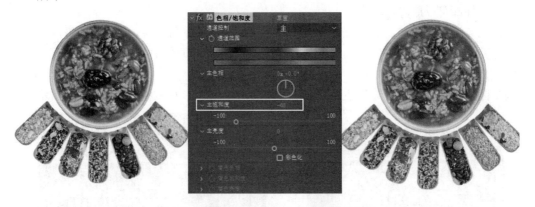

图 12.19　调整"主饱和度"参数前后的效果

- "主亮度"：控制所调节的颜色通道的亮度，调整该参数前后的效果如图 12.20 所示。

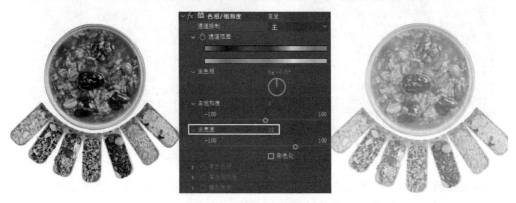

图 12.20　调整"主亮度"参数前后的效果

- "彩色化"：勾选该复选框，图像将被转换为单色调，调整前后的效果如图 12.21 所示。
- "着色色相"：设置彩色化图像后的色调，调整前后的效果如图 12.22 所示。

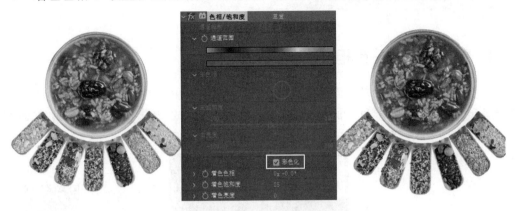

图 12.21　勾选"彩色化"复选框前后的效果

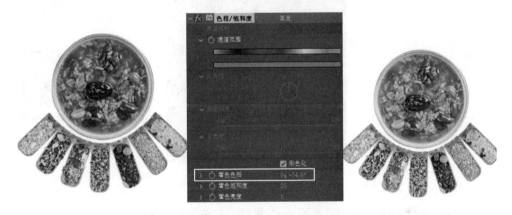

图 12.22　调整"着色色相"前后的效果

- "着色饱和度"：设置彩色化图像后的饱和度，调整前后的效果如图 12.23 所示。

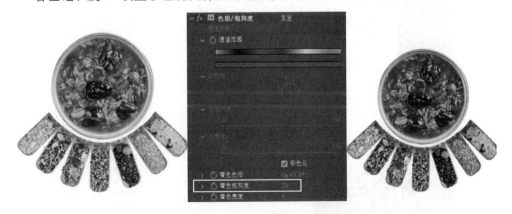

图 12.23　调整"着色饱和度"参数前后的效果

- "着色亮度"：设置彩色化图像后的亮度。

12.3 抠像与校色案例

12.3.1 校色案例——色相/饱和度

（1）打开软件，双击"项目"面板空白处，导入"工程文件与素材\第14章\色相饱和度"中"衣服.jpg"素材，在"项目"面板中将素材拖曳至新建合成按钮■处新建合成，如图12.24所示。原始素材中人物衣服为蓝色，我们将人物衣服设置为绿色。

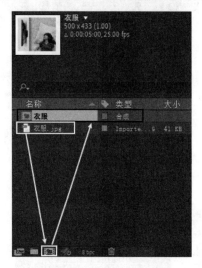

校色案例-色相/饱和度微课

校色案例-色相/饱和度效果

图 12.24 导入素材并新建合成

（2）在"时间轴"面板中选中"衣服.jpg"素材，右键单击，选择"效果"→"颜色校正"→"色相/饱和度"命令，为素材添加"色相/饱和度"效果，如图12.25所示。

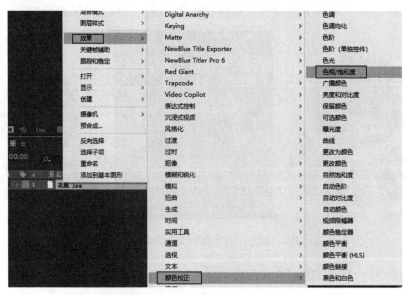

图 12.25 为素材添加"色相/饱和度"效果

（3）在"效果控件"面板中调整"色相/饱和度"效果，首先将"通道控制"设置为"蓝色"，调整其"通道范围"，将输入通道色条调整至与衣服相近的蓝色，然后调整"蓝色色相""蓝色饱和度""蓝色亮度"，这样人物衣服颜色即更改为绿色，参数设置如图 12.26 所示，最终效果如图 12.27 所示。

图 12.26 "色相/饱和度"效果参数设置

图 12.27 最终效果

12.3.2 校色案例——色阶

（1）打开软件，双击"项目"面板空白处，导入"工程文件与素材\第 14 章\色阶"中的"花朵.jpg"素材，并将素材拖至新建合成按钮 处新建合成，如图 12.28 所示。原始素材较暗，我们将亮度调整至正常状态。

图 12.28 导入素材并新建合成

（2）在"时间轴"面板中选中"花朵.jpg"素材，右键单击，选择"效果"→"颜色校正"→"色阶"，为素材添加"色阶"效果，如图 12.29 所示。

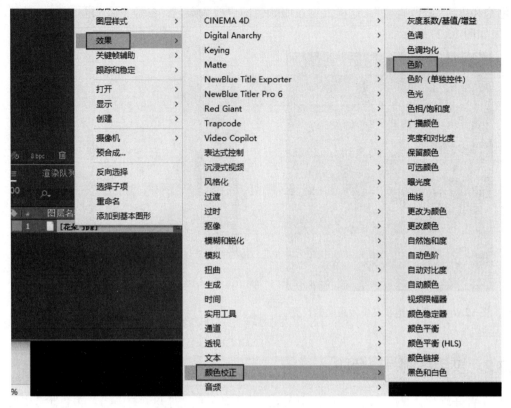

图 12.29　为素材添加"色阶"效果

（3）在"效果控件"面板中调整"色阶"效果，将直方图中输入通道右边三角形（输入白色）往左调整至图 12.30 所示位置，花朵亮度恢复至正常状态，最终效果如图 12.31 所示。

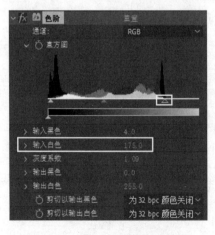

图 12.30　"色阶"效果参数设置

校色案例-色阶微课

校色案例-色阶效果

图 12.31　最终效果

12.3.3　校色案例——曲线

（1）打开软件，双击"项目"面板空白处，将"工程文件与素材\第 14 章\曲线"中的"晚霞.tga"素材拖曳至新建合成按钮 处新建合成，如图 12.32 所示。原始素材画面整体偏灰，落日的色彩不够鲜明，层次感不够，我们将用"曲线"效果使素材富有色彩感。

校色案例-曲线微课

校色案例-曲线效果

图 12.32　导入素材并新建合成

（2）在"时间轴"面板中选中"晚霞.tga"素材，右键单击，选择"效果"→"颜色校正"→"曲线"命令，为素材添加"曲线"效果，如图 12.33 所示。

（3）在"效果控件"面板中调整"曲线"效果，分别调整"RGB"通道、"蓝色"通道和"红色"通道，使晚霞效果更为突出，色彩感更为强烈，更富有层次感，效果参数设置如图 12.34所示。最终效果如图 12.35 所示。

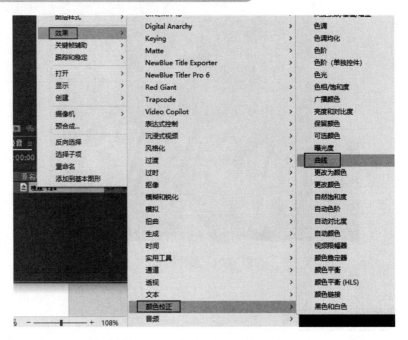

图 12.33　为素材添加"曲线"效果

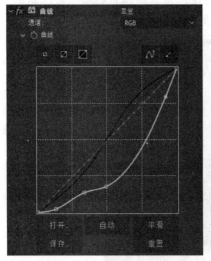

图 12.34　"曲线"效果参数设置

图 12.35　最终效果

12.3.4　抠像案例——Keylight

（1）打开软件，双击"项目"面板空白处，导入"工程文件与素材\第 14 章\综合案例"中的素材"Sam_GS.mav"，将其拖曳至新建合成按钮■新建合成。在"时间轴"面板中选中素材图层，右键单击，选择"Keying"→"Keylight（1.2）"命令，如图 12.36 所示。

（2）在"效果控件"面板中，展开 Keylight（1.2），用"屏幕颜色"的吸管工具吸取视频中绿色的部分，打开透明开关，如图 12.37 所示。

图 12.36 为素材添加 "Keylight（1.2）" 效果

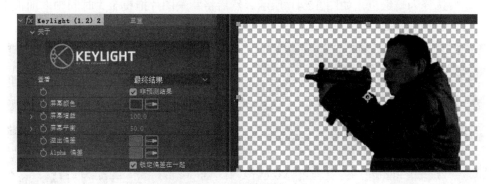

图 12.37 为素材抠取绿色部分

（3）此时发现人物边缘还有些杂色，可以调整 "屏幕预模糊" 值为 "3.0"，"屏幕增益" 设置为 "108.0"，"屏幕平衡" 设置为 "83.0"，将 "查看" 模式切换为 "屏幕遮罩"，"溢出偏差" 和 "Alpha 偏差" 设置为肤色，以改善边缘效果，如图 12.38 所示。此时发现人物和背景变成了黑白显示，这里的黑色表示透明，白色表示不透明，灰色表示半透明，如图 12.39 所示。

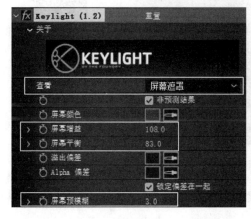 

图 12.38 切换 "查看" 模式为 "屏幕遮罩"　　图 12.39 切换 "查看" 模式后画面效果

（4）展开 "屏幕遮罩"，将 "剪辑黑色" 设置为 "41.0"，"剪辑白色" 设置为 "75.0"，"屏幕收缩/增长" 设置为 "0.5"，效果如图 12.40 所示。

图 12.40　调整黑白对比后效果

（5）此时将"查看"模式切换为"中间结果"，发现人物的边缘有绿色残留部分，这时将"替换颜色"选择为暗绿色，如图 12.41 所示。然后将背景图片拖曳至"时间轴"面板中视频素材下方，效果如图 12.42 所示。

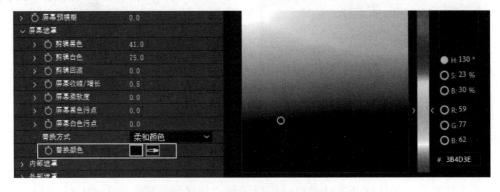

图 12.41　调整"替换颜色"选项

图 12.42　添加背景图片后效果

抠像案例-Keylight 微课

抠像案例-Keylight 效果

（6）为"时间轴"面板中"Sam_GS.mov"素材添加"简单阻塞工具"效果，设置如图 12.43 所示。

图 12.43　"简单阻塞工具"效果设置

（7）为"Sam_GS.mov"素材进行校色，使该素材人物与背景图片融合得更好。

● 添加"色阶"效果

① 调整人物脸部为红色。

将"色阶"的"通道"选项选择为"红色"，"红色输入黑色"值设置为"11.0"；"红色灰度系数"值设置为"1.11"，如图12.44所示。

② 调整人物衣服为蓝色。

将"色阶"的"通道"选项选择为"蓝色"，"蓝色输出白色"设置为"174.0"，如图12.45所示。

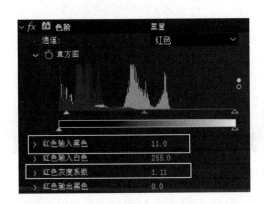

图12.44　调整"色阶"的"红色"通道

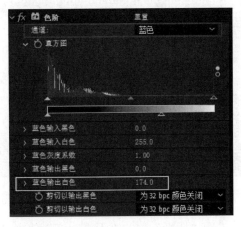

图12.45　调整"色阶"的"蓝色"通道

● 添加"色相/饱和度"效果

为降低人物饱和度，将"主饱和度"值设置为"-29"，最终效果如图12.46所示。

图12.46　调整"色相/饱和度"

（8）制作人物阴影。

● 复制人物图层，重命名为"阴影"，如图12.47所示。

图12.47　复制人物图层重命名为"阴影"

● 打开"阴影"层的独显开关。将"色相/饱和度"效果中"主亮度"值设置为"-100"，此时人物即变为黑色。在"阴影"层添加"快速模糊（旧版）"效果。将"模糊度"值设置为"95.0"，勾选"重复边缘像素"复选框，如图12.48所示。

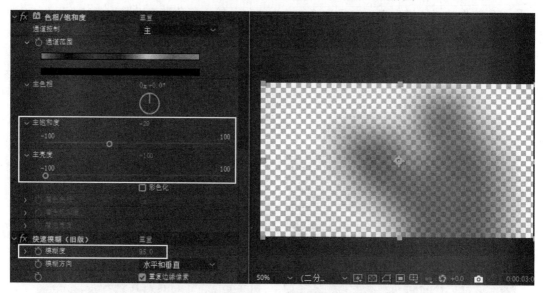

图 12.48 为"阴影"层设置亮度与模糊效果

● 设置"阴影"层的"不透明度"值为"41%"，为"阴影"层添加"边角定位"特效，分别调整控制点，使人物阴影变形。将"快速模糊（旧版）"效果放置到最下面，如图 12.49 所示。

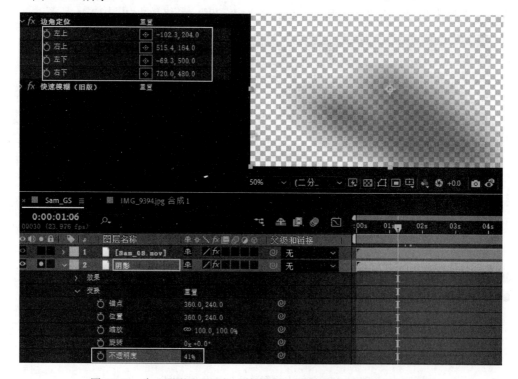

图 12.49 为"阴影"层添加"边角定位"效果并调整素材不透明度

（9）将背景层进行虚化。选中背景层，按快捷键"Ctrl+Shift+C"将其进行预合成，并为该预合成添加"摄像机镜头模糊"效果，将"模糊半径"值设置为"10.0"，如图12.50所示，最终效果如图12.51所示。

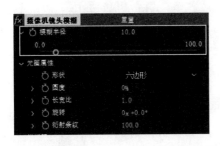

图12.50 为背景预合成添加"摄像机镜头模糊"效果　　　　图12.51 最终效果

本章小结

抠像技术可以制作出各种奇特的场面。它可以将主体从背景提取出来，并与计算机制作的虚拟背景结合在一起，这是目前较为流行的合成技术。要达到更好的视觉效果，还需要对抠像后的画面进行调色，让主题与虚拟背景在色彩上达到统一协调，如同真实场景。

课后拓展练习

综合运用"Keylight"键控特效和"色相与饱和度"等调色特效合成影片。制作思路：①对素材"Dragon in fly"进行抠像、调色处理；②制作阴影；③跟踪背景素材，获取跟踪信息；④最终合成，如图12.52所示。

抠像校色综合案例微课

抠像校色综合案例效果

图12.52 素材

第 4 部分

综合应用

第13章

>>>>>>

综合案例

13.1 vlog 剪辑

13.1.1 案例分析

vlog 中文名为微录，是博客的一种类型，它以影像代替文字或相片，更强调时效性。本章以生活 vlog 为例，讲解了 vlog 后期剪辑、调色、字幕、配音等全过程，让读者对 vlog 制作有一个全面的认识。

13.1.2 案例制作过程

（1）打开 Adobe Premiere CC 2021 软件，选择"新建项目"→"新建序列"命令。"序列帧大小"设置为"3840*2160"，"像素长宽比"为"方形像素（1.0）"，"场序"设置为"无场（逐行扫描）"。

（2）在"项目"面板中导入"工程文件与素材\第 15 章\素材"中的素材。

（3）双击"项目"面板中"外景 4836.MP4"素材，在"源"面板中将其入点设置为 1 秒 11 帧，出点设置为 2 秒 38 帧，如图 13.1 所示。拖曳至"时间轴"面板中视频"V1"轨道上起始位置，如图 13.2 所示。

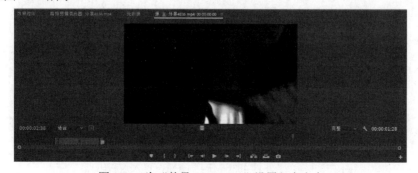

图 13.1　为"外景 4836.MP4"设置入点出点

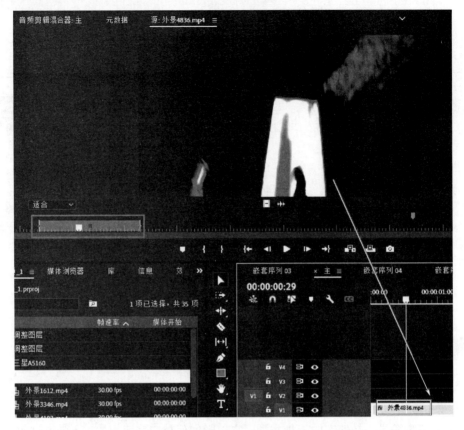

图 13.2　拖至"时间轴"面板

　　（4）再次双击"项目"面板中"外景 4836.MP4"素材，在"源"面板中将其入点重新设置为 4 秒 26 帧，出点重新设置为 8 秒 30 帧，如图 13.3 所示。拖至"时间轴"面板中视频"V1"轨道上 1 秒 28 帧的位置，如图 13.4 所示。在已经加入"时间轴"面板的两段素材中间添加"交叉溶解"转场，如图 13.5 所示。

图 13.3　为"外景 4836.MP4"重新设置入点和出点

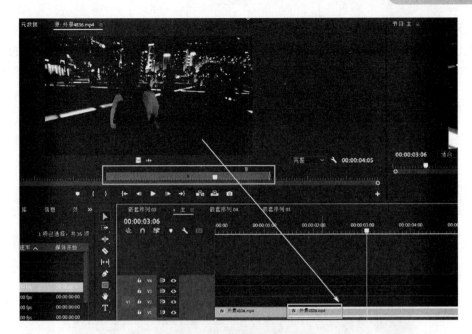

图 13.4　拖曳至"时间轴"面板

图 13.5　添加转场效果

（5）双击"项目"面板中"外景 0739.MP4"素材，在"源"面板中将其入点设置为 2 秒 36
帧，出点设置为 3 秒 31 帧，拖曳至"时间轴"面板中视频"V1"轨道上 5 秒 33 帧的位置，
如图 13.6 所示。

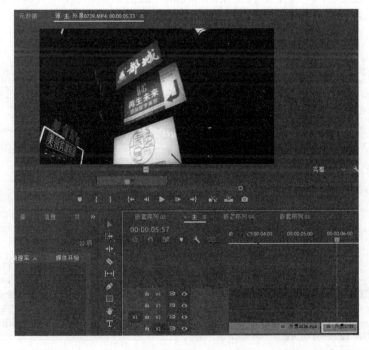

图 13.6　设置"外景 0739.MP4"入点和出点并拖曳至"时间轴"面板中相应位置

（6）双击"项目"面板中"外景0746.MP4"素材，在"源"面板中将入点设置为3秒18帧，出点设置为4秒06帧，拖曳至"时间轴"面板中视频"V1"轨道上6秒29帧的位置，如图13.7所示。

图13.7　设置"外景0746.MP4"素材入点和出点并拖曳至"时间轴"面板中相应位置

（7）双击"项目"面板中"地铁内0747.MP4"素材，在"源"面板中将其入点设置为12秒11帧，出点设置为14秒19帧，拖曳至"时间轴"面板中视频"V1"轨道上7秒18帧的位置，如图13.8所示。

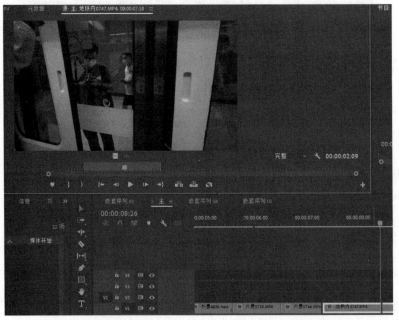

图13.8　设置"地铁内0747.MP4"素材入点和出点并拖曳至"时间轴"面板中相应位置

（8）双击"项目"面板中"地铁中 0752.MP4"素材，在"源"面板中将其入点设置为 1 秒 30 帧，出点设置为 2 秒 19 帧，拖曳至"时间轴"面板中视频"V1"轨道上 9 秒 26 帧的位置，如图 13.9 所示。

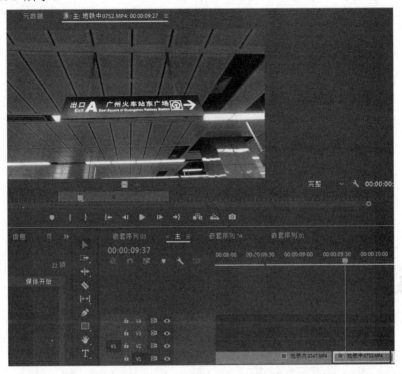

图 13.9　设置"地铁中 0752.MP4"素材入点和出点并拖曳至"时间轴"面板中相应位置

（9）双击"项目"面板中"地铁中 0748.MP4"素材，在"源"面板中将其入点设置为 2 秒 16 帧，出点设置为 3 秒 52 帧，拖曳至"时间轴"面板中视频"V1"轨道上 10 秒 17 帧的位置，如图 13.10 所示。

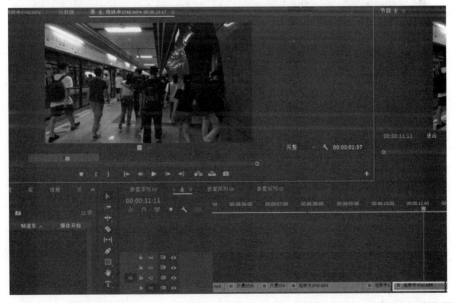

图 13.10　设置"地铁中 0748.MP4"素材入点和出点并拖曳至"时间轴"面板中相应位置

（10）双击"项目"面板中"地铁中 0749.MP4"素材，在"源"面板中将其入点设置为 18 秒 10 帧，出点设置为 21 秒 05 帧，拖曳至"时间轴"面板中视频"V1"轨道上 11 秒 54 帧的位置，如图 13.11 所示。

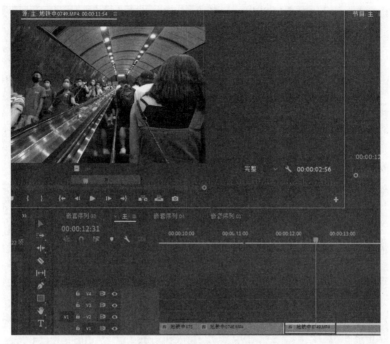

图 13.11　设置"地铁中 0749.MP4"入点和出点并拖曳至"时间轴"面板中相应位置

（11）双击"项目"面板中"外景 4739.MP4"素材，在"源"面板中将其入点设置为 3 秒 14 帧，出点设置为 6 秒 10 帧，拖曳至"时间轴"面板中视频"V1"轨道上 14 秒 50 帧的位置，如图 13.12 所示。

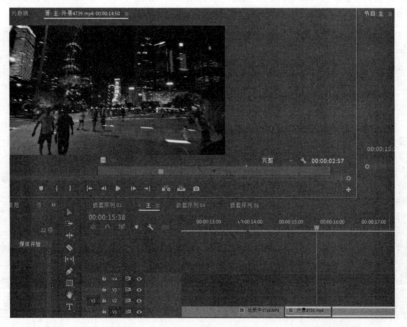

图 13.12　设置"外景 4739.MP4"素材入点和出点并拖曳至"时间轴"面板中相应位置

（12）双击"项目"面板中"外景0716.MP4"素材，在"源"面板中将其入点设置为1秒39帧，出点设置为4秒37帧，拖曳至"时间轴"面板中视频"V1"轨道上17秒47帧的位置，如图13.13所示。

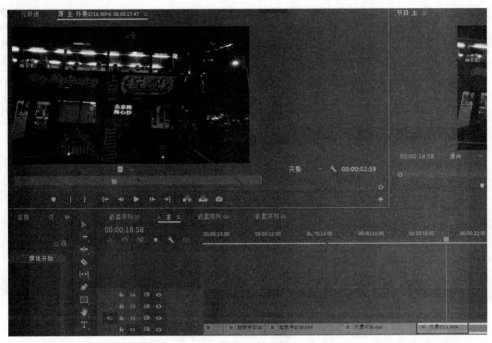

图13.13 设置"外景0716.MP4"入点和出点并拖曳至"时间轴"面板中相应位置

（13）双击"项目"面板中"外景4103.MP4"素材，在"源"面板中将其入点设置为5秒21帧，出点设置为7秒20帧，拖曳至"时间轴"面板中视频"V1"轨道上20秒46帧的位置，如图13.14所示。

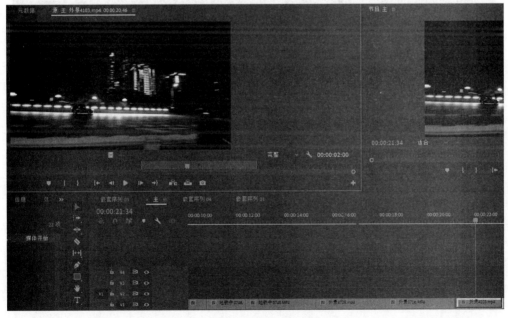

图13.14 设置"外景4103.MP4"素材入点和出点并拖曳至"时间轴"面板中相应位置

（14）双击"项目"面板中"外景1612.MP4"素材，在"源"面板中将其入点设置为0秒34帧，出点设置为1秒35帧，拖曳至"时间轴"面板中视频"V1"轨道上22秒45帧的位置，如图13.15所示。

图13.15 设置"外景1612.MP4"入点和出点并拖曳至"时间轴"面板中相应位置

（15）双击"项目"面板中"外景3346.MP4"素材，在"源"面板中将其入点设置为0秒4帧，出点设置为1秒31帧，拖曳至"时间轴"面板中视频"V1"轨道上23秒48帧的位置，如图13.16所示。

图13.16 设置"外景3346.MP4"入点和出点并拖曳至"时间轴"面板中相应位置

（16）双击"项目"面板中"外景0764.MP4"素材，在"源"面板中将其入点设置为0秒28帧，出点设置为3秒39帧，拖曳至"时间轴"面板中视频"V1"轨道上25秒16帧的位置，如图13.17所示。在"时间轴"面板中该素材结尾处添加"黑场过渡"效果。

图13.17　设置"外景0764.MP4"入点和出点并拖曳至"时间轴"面板中相应位置

（17）至此剪辑已经基本完成。现在将配音素材与背景乐素材分别拖曳至"时间轴"面板上音频"A2"轨道与音频"A3"轨道中，并将两段素材起始与结束位置分别添加"音频过渡\交叉淡化\恒定功率"效果，如图13.18所示。

图13.18　添加"音频过渡"效果

（18）对vlog视频进行校色。首先安装好素材中提供的调色预设包，将"工程文件与素材\第15章\素材\调色预设"中的预设文件，复制到C:\Program Files\Adobe\Adobe After Effects CC 2021\Support Files\Lumetri\LUTs\Creative，重新启动软件，然后在"项目"面板中空白处右键单击，选择"新建项目"→"调整图层…"命令，如图13.19所示。

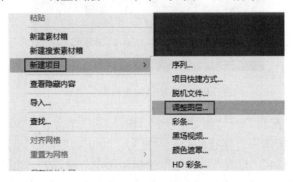

vlog剪辑微课

vlog剪辑效果

图13.19　新建调整图层

（19）将调整图层拖曳至"时间轴"面板中视频"V2"轨道上，并根据视频"V1"轨道中素材剪辑效果对调整图层进行剪辑切割，如图 13.20 所示。对剪辑切割好的"调整图层"分别设置不同的调色预设来达到校色效果，如图 13.21 所示。

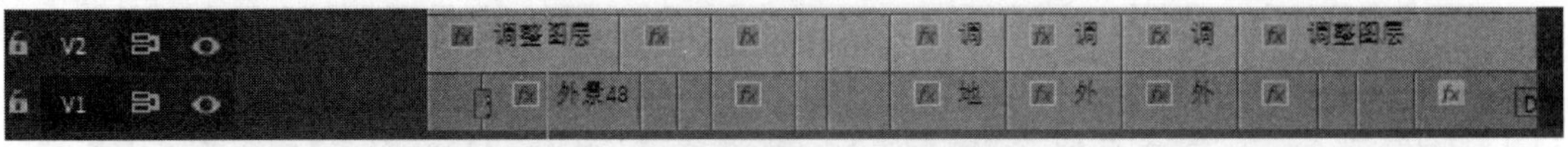

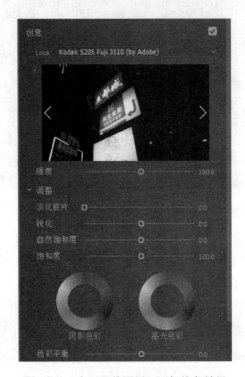

图 13.20　为"调整图层"添加剪辑点

图 13.21　为"调整图层"添加校色效果

（20）校色完成后，在"项目"面板中空白处右键单击，选择"新建项目"→"调整图层…"命令，并将该调整图层拖曳至"时间轴"面板中视频"V3"轨道上，为该"调整图层"添加"快速模糊"效果，设置"模糊度"为"6.0"，如图 13.22 所示。

图 13.22　添加"快速模糊"效果

（21）菜单中选择"文件"→"新建"→"旧版标题"命令，为 vlog 添加字幕。将"字体系列"设置为"方正粗宋体"，"字符间距"设置为"20.0"，"填充"的"颜色"设置为纯色，RGB 值为"234，198，184"，设置"外描边"，"描边类型"设置为"边缘"，"大小"为"10.0"，添加"阴影"效果，设置阴影的"颜色"RGB 值为"196，53，38"，"不透明度"为"70%"，"角度"为"90.0°","距离"为"10.0","大小"为"4.0","扩展"值为"30.0",如图 13.23 所示。

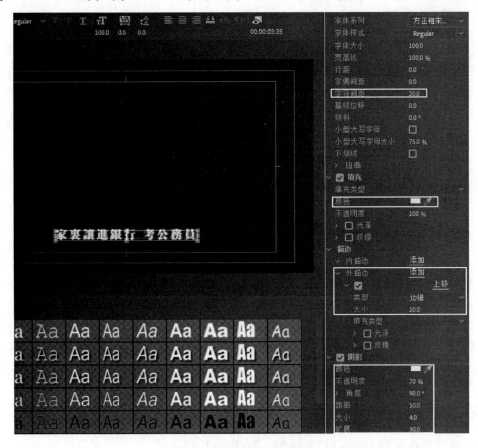

图 13.23 为视频创建字幕

（22）字幕制作完成后，vlog 视频即制作完成，最终效果如图 13.24 所示。

图 13.24 最终效果

13.1.3　案例总结

　　vlog 视频的制作流程主要包括选题、文案和脚本、拍摄、剪辑、调色、字幕、音乐等环节，剪辑与调色的风格需要根据前期策划的选题而定，字幕制作相对简单，可以套用合适的字幕模板，背景音乐的选择十分重要，因为 vlog 的后期剪辑是根据背景音乐的变化来剪辑的。视频风格不同，音乐风格也不同，本案例的背景音乐较为舒缓，这类音乐会对影片产生较强的氛围感。

13.2　东方卫视频道 ID 落版案例

13.2.1　案例分析

　　包装的概念延伸很广，大到一个电视台的包装，小到电视台的某一个频道，频道中的某个栏目当天的一期节目，这些都离不开包装。电视频道 ID 是频道表明身份的宣传品，它是建立和维持频道品牌识别的重要手段。频道 ID 作为频道整体包装中的重要组成部分，它的意义在于建立频道与观众之间的沟通、直接表达频道的立场诉求和风格理念，本章案例主要讲解频道 ID 的包装。

13.2.2　案例制作过程

　　（1）打开 Adobe After Effects CC 2021，新建项目。

　　（2）新建合成，合成设置为"宽度"为"1920px"，"高度"为"1080px"，"像素长宽比"为"方形像素"，"帧速率"为"25"帧/秒，"转验时间"为 5 秒。

　　（3）在"时间轴"面板空白处单击鼠标右键单击，选择"新建…"→"纯色…"命令，命名为"背景"，如图 13.25、图 13.26 所示。

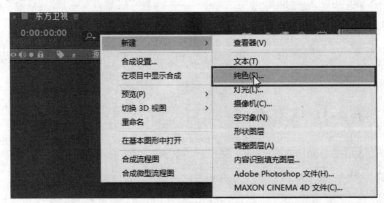

图 13.25　新建纯色层

　　（4）在背景色层上添加"梯度渐变"效果，选择"效果"→"生成"→"梯度渐变"命令，如图 13.27 所示。

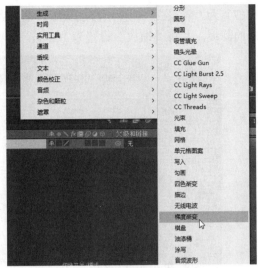

图 13.26 命名纯色层 　　　　图 13.27 为纯色层添加"梯度渐变"效果

（5）设置"梯度渐变"颜色，"起始颜色"设为白色，"结束颜色"设为灰色，适当调整渐变位置，如图 13.28 所示。

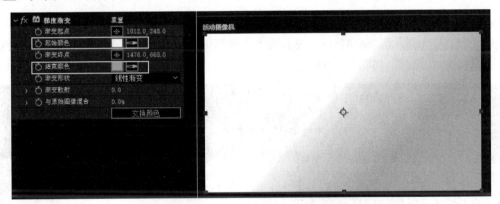

图 13.28 设置"梯度渐变"效果参数

（6）新建一个纯色层，命名为"背景 2"，为"背景 2"纯色层添加"梯度渐变"效果，"渐变形状"为"径向渐变"，渐变"起始颜色"为白色，"结束颜色"为灰色，如图 13.29 所示。

图 13.29 为"背景 2"层设置"梯度渐变"效果参数

（7）为"背景2"纯色层添加蒙版。选择"背景2"纯色层，单击钢笔工具 ，绘制类似梯形的蒙版，并将"缩放"设置为102%，效果如图13.30所示。

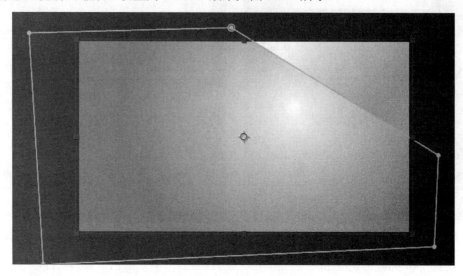

图13.30　为"背景2"层设置蒙版

（8）在"背景2"层添加"斜面Alpha"效果。选择菜单栏中的"效果"→"透视"→"斜面Alpha"命令，调整"斜面Alpha"效果的"边缘厚度"为"5.00"，"灯光角度"为"28"，"灯光强度"为"1.00"，如图13.31所示。

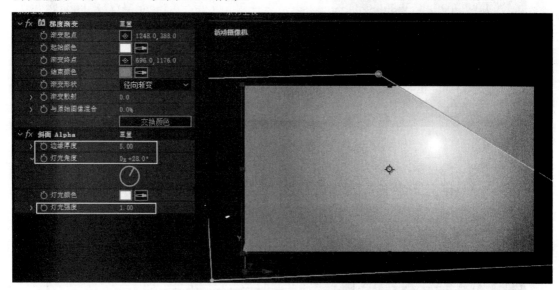

图13.31　"斜面Alpha"效果参数

（9）新建纯色层，命名为"右边图形1"，为该纯色层添加"梯度渐变"效果，设置"起始颜色"与"结束颜色"分别为白色与灰色，选择该纯色层，用钢笔工具 创建蒙版，如图13.32所示。

（10）为"右边图形1"纯色层添加"投影"效果，选择菜单栏中的"效果"→"透视"→"投影"命令，调整投影的"不透明度"为"50%"，"方向"为"278"，"距离"为"5.0"，"柔和度"为"218.0",如图 13.33 所示,使图层更有空间感。

图 13.32 设置"梯度渐变"效果参数

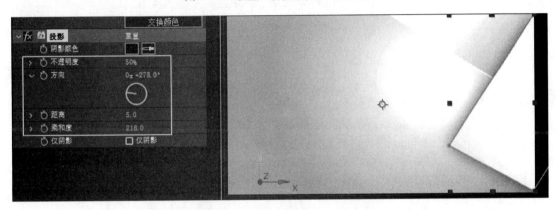

图 13.33 设置"投影"效果参数

（11）复制"右边图形 1"纯色层,调整该复制图层的位置,如图 13.34 所示。

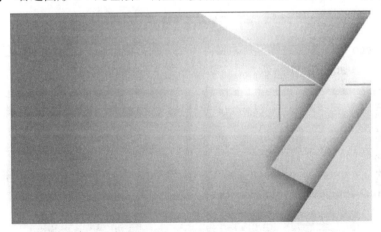

图 13.34 复制并调整层

（12）再复制 4 次,调整每一层的位置,使其排列出有空间感的背景,如图 13.35 所示。

（13）将"工程文件与素材\第 16 章\素材"中的"东方卫视台标"图片素材导入,拖曳至"时间轴"面板中,调整位置与大小,如图 13.36 所示。

图 13.35　复制层并调整

图 13.36　调整"东方卫视台标"位置与大小

（14）复制 logo 层，并通过钢笔工具 将两层分别拆成台标与文字两层，更改图层名称为"字"与"LOGO"，如图 13.37 所示。

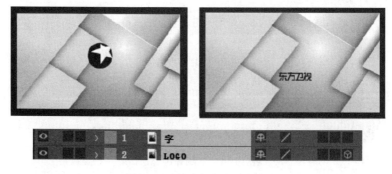

图 13.37　将台标与文字拆分

（15）打开"LOGO"层的 3D 开关，在"缩放"和"方向"属性上建立关键帧动画，时间指针为 0 秒 0 帧时设置"缩放"为 0%，Y 轴为 90 度；时间指针为 0 秒 20 帧时，设置"缩放"

为12%，"Y轴旋转"为0度。全选所有关键帧，按快捷键"F9"，将关键帧设为"缓动"，如图13.38所示。

图13.38 在"LOGO"层设置关键帧动画

（16）制作两侧光效。新建纯色层，命名为"左边光"，为该纯色层绘制蒙版，用椭圆工具在画面中绘制与台标图片相近的圆形，绘制完成后为该纯色层添加"3D Stroke"效果，如图13.39所示。

图13.39 添加"3D Stroke特效"

东方卫视频道ID落版微课

东方卫视频道ID落版效果

（17）调整"3D Stroke"效果参数，设置"厚度"为"10.0"，"开始"为"48.0"，"偏移"为"-47.0"，勾选"循环"选项，勾选"锥度"效果下的"启用"复选框，如图13.40所示。

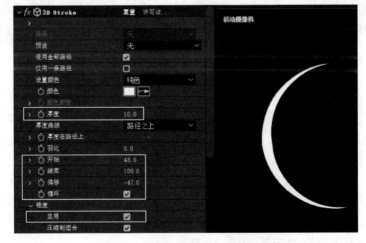

图13.40 设置"左边光"层效果参数

（18）为"左边光"图层添加"高斯模糊"和"发光"效果，"高斯模糊"中"模糊度"设置为"6.8"，"发光"中"发光阈值"设置为"60.0%"，"发光半径"为"28.0"，"发光强度"为"1.0"，如图13.41所示。

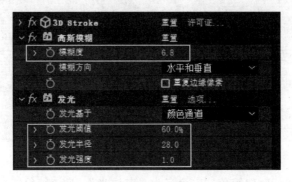

图13.41　为"左边光"层设置效果参数

（19）复制"左边光"图层，将复制出的图层命名为"右边光"，调整"右边光"图层的"3D Stroke"参数设置"开始"为"0.0"，"结束"为"55.0"，"偏移"为"47.0"，如图13.42所示。

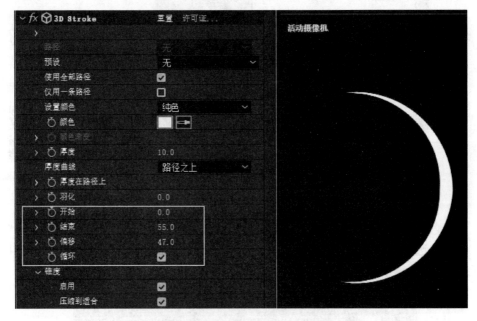

图13.42　设置"右边光"层效果参数

（20）将时间指针移至0秒0帧处，单击"左边光"与"右边光"两个图层"不透明度"属性的码表，建立关键帧；将时间指针移至0秒4帧处，分别设置"不透明度"为"100"。将时间指针移至0秒17帧，激活"偏移"属性码表，建立关键帧，其中"左边光"图层的偏移值为"-47"，"右边光"图层的偏移值为"47"，移动时间指针至1秒10帧处，左边光"图层的偏移值设置为"-39"，"右边光"图层的偏移值设置为"40"。时间指针移至1秒17帧，"左边光"图层的"不透明度"为"100%"，1秒24帧时"左边光"图层的"不透明度"为"0%"。移动时间指针至1秒23帧，"右边光"图层的"不透明度"为"100%"，2秒05帧时，"右边光"图层的"不透明度"为"0%"，如图13.43所示。

图 13.43 设置层关键帧动画

（21）为"右边光"图层制作蒙版路径动画。将时间指针移至 0 秒 0 帧，"蒙版路径"设置为一个小圆。2 秒 05 帧时，"蒙版路径"设置为一个大圆，如图 13.44 所示。

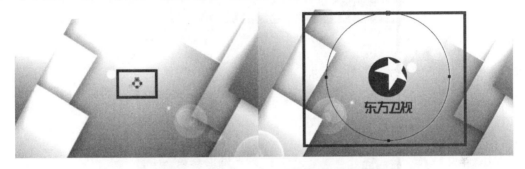

图 13.44 为"右边光"层设置蒙版路径动画

（22）同样，为"左边光"图层制作蒙版路径动画。将时间指针移至 0 秒 0 帧，"蒙版路径"设置为一个小圆，2 秒 05 帧处，"蒙版路径"设置为一个大圆。

（23）选中"字"图层，为该图层绘制"圆形蒙版 2"，如图 13.45 所示。

图 13.45 为"字"图层设置蒙版路径动画

（24）"蒙版 2"的蒙版模式设置为"相减"，勾选"反转"选项，为"蒙版 2"的"蒙版扩展"属性做关键帧动画。将时间指针移至 0 秒 19 帧，"蒙版扩展"值为"184.5 像素"，1 秒 05 帧时，"蒙版扩展"值为"1388"。至此文字便全部展现了出来，且有向外扩展出来的效果，为了动画更为自然，可适当调整"蒙版羽化"值为"2.0"，如图 13.46 所示。

（25）新建纯色层，命名为"粒子"，选择菜单栏中的"效果"→"模拟"→"CC 粒子世界"命令，为该图层添加"CC 粒子世界"效果，如图 13.47 所示。

图 13.46　设置蒙版扩展动画

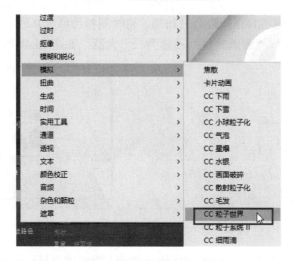

图 13.47　新建"粒子"层

（26）设置"CC 粒子世界"参数，将"粒子类型"改为"四边形多边形"，"旋转速度"与"初始旋转"设置为"0.0"，"出生颜色"与"死亡颜色"设置为"红色"，"出生大小"与"死亡大小"设置为"0.15"，"最大不透明度"为"100"，"寿命"为"2"秒，"重力"为"0"，如图 13.48 所示。移动时间指针至 0 秒 0 帧，设置"出生率"关键帧数值为"2"，下一帧设置为"0"。

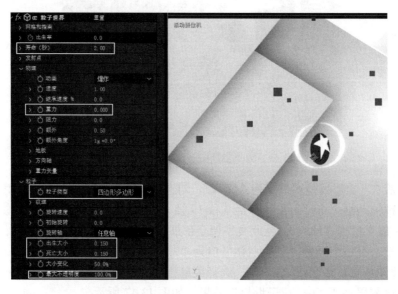

图 13.48　设置"CC 粒子世界"参数

（27）复制该粒子图层，并将复制后的粒子图层的粒子属性中的"粒子类型"改为"褪色球"，将该图层的图层模式改为"相加"，如图 13.49 所示。

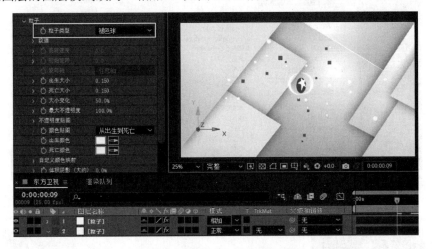

图 13.49　复制粒子层设置效果

（28）为右边图形图层分别设置蒙版路径关键帧动画，使其分别有一个轻微移动变化的效果，如图 13.50 所示。

图 13.50　为右边图形层设置蒙版路径关键帧动画

（29）新建纯色层，命名为"镜头光晕"，添加"效果"→"生成"→"镜头光晕"效果，如图 13.51 所示。

（30）将"镜头光晕"图层的图层模式设置为"相加"，"光晕中心点"设置为合成左上方。将时间指针移至 0 秒 0 帧，激活"光晕中心点"属性码表，建立关键帧，移动时间指针至 2 秒 0 帧处，将"光晕中心点"移动至合成右上方，如图 13.52 所示。

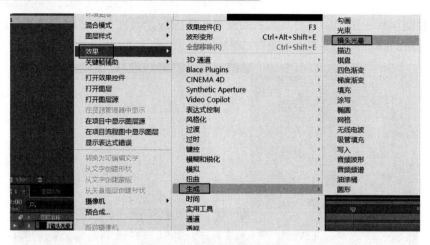

图 13.51　添加"镜头光晕"

图 13.52　设置"镜头光晕"参数

13.2.3　案例总结

电视频道的 ID 作为频道的身份证，首要的功能是告诉观众自己的姓名（我是什么频道），一般为 5 秒，它所利用的频道信息元素包括频道标识、频道名称字标、频道主题音效。本案例主要运用蒙版和"CC 粒子世界"特效制作而成。

参 考 文 献

[1] 李涛. Adobe After Effects CS4 高手之路[M]. 北京：人民邮电出版社，2010.

[2] 张天骐. After Effects 影视合成与火星风暴（第 2 版)[M]. 北京：人民邮电出版社，2010.

[3] 臧运凤. After Effects CC 2018 基础教程（第 3 版）[M]. 北京：清华大学出版社，2020.

[4] 智云科技. After Effects CC 特效设计与制作（第 2 版）[M]. 北京：清华大学出版社，2020.

[5] 新视角文化行. 典藏——Premiere Pro CC 视频编辑剪辑制作完美风暴[M]. 北京：人民邮电出版社，2014.

[6] 李冬芸. 影视编辑与后期制作[M]. 北京：电子工业出版社，2020.

反侵权盗版声明

电子工业出版社依法对本作品享有专有出版权。任何未经权利人书面许可，复制、销售或通过信息网络传播本作品的行为，歪曲、篡改、剽窃本作品的行为，均违反《中华人民共和国著作权法》，其行为人应承担相应的民事责任和行政责任，构成犯罪的，将被依法追究刑事责任。

为了维护市场秩序，保护权利人的合法权益，我社将依法查处和打击侵权盗版的单位和个人。欢迎社会各界人士积极举报侵权盗版行为，本社将奖励举报有功人员，并保证举报人的信息不被泄露。

举报电话：（010）88254396；（010）88258888

传　　真：（010）88254397

E-mail：　dbqq@phei.com.cn

通信地址：北京市海淀区万寿路 173 信箱
　　　　　电子工业出版社总编办公室

邮　　编：100036